Arduino FACILITO

Manuel Sayans de la Torre
Fco. Javier Ponce Medero

libros
RC

ARDUINO Facilito
© Manuel Sayans de la Torre y Francisco Javier Ponce Medero
Diseño gráfico y maquetación: Rafael Salgado

Diseño del Robot Skappy (🤖): Beatriz Sayans Cobos
Los diagramas de los circuitos y el logo de Arduino que aparece en las placas están hechos con FRITZING
Las figuras incluidas en las páginas 1 y 3 han sido diseñadas usando imágenes de Freepik.com

ISBN: 978-84-125467-7-4
EAN: 9788412546774
IBIC: TJ

RC Libros
Calle Mar Mediterráneo, 2. N-6
28830 SAN FERNANDO DE HENARES, Madrid
Teléfono: +34 91 677 57 22
Correo electrónico: info@rclibros.es
Internet: www.rclibros.es
Diseño de cubierta: Cuadratín
Impresión y encuadernación: Safekat
Depósito Legal: M-31665-2023
Impreso en España
27 26 25 24 23 (1 2 3 4 5 6 7 8 9 10 11 12)

«No entiendes realmente algo a menos
que seas capaz de explicárselo a tu abuela»

Albert Einstein

AUNQUE NUNCA HAYAS PROGRAMADO, NI TENGAS NINGÚN CONOCIMIENTO DE INFORMÁTICA NI DE ELECTRÓNICA, CON ESTE LIBRO APRENDERÁS DE MANERA FÁCIL, PRÁCTICA Y DIVERTIDA A DISEÑAR, CONSTRUIR Y PROGRAMAR DISPOSITIVOS PARA AUTOMATIZAR TU CASA, TU PEQUEÑO TALLER, UN ESCAPE ROOM O AQUELLO QUE SEAS CAPAZ DE IMAGINAR, GRACIAS A SUS MÁS DE CUARENTA Y OCHO EJERCICIOS PRÁCTICOS.

ÍNDICE

PRÓLOGO

EL ORIGEN DE ARDUINO

PRÓLOGO

EL ORIGEN DE ARDUINO

El origen de Arduino® se sitúa en el año 2005. Su inventor fue Massimo Banzi, un estudiante del instituto IVREA. Su nombre proviene del bar homónimo ubicado en Ivrea, Italia, donde algunos de los fundadores del proyecto solían reunirse. El bar se llama así en honor de Arduino de Ivrea, rey de Italia desde el año 1002 hasta 1014.

Massimo concibió Arduino® como una herramienta accesible para el mundo académico y en especial para los estudiantes de computación y electrónica del propio instituto IVREA, dado que por aquel entonces los microcontroladores eran caros y no ofrecían un buen soporte técnico a los desarrolladores.

El prototipo de Arduino® se fabricó en el propio instituto. Inicialmente constaba de una placa de circuitos con un microcontrolador, junto con unos pocos componentes y ofrecía unas prestaciones muy limitadas, lejos de lo que conocemos hoy día, ya que ni tan siquiera estaba disponible el software del IDE para manipularla.

Este IDE, o entorno integrado de desarrollo, vio la luz algunos años después gracias a la colaboración de Hernando Barragán, un estudiante de la Universidad de Colombia que mientras hacía su tesis conoció el proyecto y contribuyó de manera muy importante al desarrollo del lenguaje Wiring, en colaboración con David Mellis.

Más tarde, el español David Cuartielles, experto en circuitos y computadoras y también estudiante, mejoró el hardware, incorporando a la placa Arduino los microcontroladores que gestionan la memoria y el soporte a los programas.

Tom Igoe, un estudiante de Estados Unidos, se interesó en el proyecto y fue a visitar el IVREA para conocerlo en detalle. A su regreso a USA recibió un e-mail de Massimo Banzi invitándole a participar en su equipo. Tom ayudó a mejorar la placa aumentando su potencia y agregando un puerto USB para conectarla a un ordenador. También fue el ideólogo de la distribución de Arduino a nivel mundial.

Para promocionar el proyecto Arduino® dentro del campus, contaron con un publicista que más tarde se integraría con el equipo, Gianluca Martino, quien comenzó a distribuir Arduino® dentro del instituto, pero al ver la gran aceptación que tenía, comenzó su distribución a nivel mundial.

Finalmente, Natan Sadle inició la producción en masa de las placas hasta colocarse en el número uno de herramientas de aprendizaje para el desarrollo de sistemas autómatas que conocemos hoy en día.

Esta popularización a nivel mundial de Arduino®, sumado al hecho de que, tanto el hardware como el software del mismo son de "código abierto", ha propiciado que en la actualidad la comunidad de usuarios de Arduino® se haya convertido en un mercado muy atractivo para los fabricantes de todo tipo de dispositivos. Estos ofrecen un amplio abanico de posibilidades para la construcción de nuestros diseños. La consecuencia es una creciente oferta, que hace posible llevar a cabo proyectos cada vez más ambiciosos, que hasta ahora solo era posible realizar con sistemas mucho más sofisticados, caros y complejos.

¡Toma nota!

INTRODUCCIÓN A LA ROBÓTICA

¿QUÉ ES UN ROBOT?

¿DE QUÉ ESTÁ COMPUESTO UN ROBOT?

INTRODUCCIÓN A LA ROBÓTICA

¿QUÉ ES UN ROBOT?

Empezamos definiendo lo que es un **Robot**, porque el diseño y la realización de sistemas de robótica básica son uno de los principales objetivos de proyectos basados en plataformas tipo Arduino.

Podemos definir un robot como *"una máquina o ingenio electromecánico programable, capaz de manipular objetos y realizar operaciones antes reservadas solo a las personas, tomando decisiones pseudo-inteligentes en función de lo que ocurre en su entorno"*.

El término "robot" viene de la palabra *robota* que significa 'trabajo o labor' y se aplicaba a trabajos especialmente duros y penosos. Este término procede del checo, aunque también es compartido por otras lenguas eslavas.

> Una variante de la robótica es la "Domótica"

La **domótica** no es otra cosa que el empleo de mecanismos y tecnologías del mundo de la robótica dentro del hogar. Estas aplicaciones son cada vez más frecuentes. ¿Quién no conoce los robots aspiradores, las persianas automáticas, los sistemas inteligentes de riego y climatización, etc.? En la actualidad todos estos sistemas se están integrando y conectando a Internet mediante tecnologías de IOT (acrónimo inglés del Internet de las Cosas) permitiéndonos construir viviendas "inteligentes" más confortables y energéticamente más eficientes.

¿DE QUÉ ESTÁ COMPUESTO UN ROBOT?

Prácticamente la totalidad de los ingenios robóticos están construidos basándose en cinco elementos fundamentales:

- **Sensores**
- **Actuadores**
- **Programas**
- **Controladores**
- **Chasis**

Vamos a ver qué es cada uno de ellos y el papel que desempeña en el funcionamiento de un robot.

> Sensores

Un **Sensor** es un dispositivo capaz de detectar magnitudes físicas o químicas, llamadas variables de instrumentación, y transformarlas en señales eléctricas para ser interpretadas por el o los controladores del robot.

Estas magnitudes pueden ser de lo más diverso: humedad, sonido, temperatura, presión, movimiento, luz... e "informan" al robot de lo que ocurre en su entorno para que pueda actuar en relación con ellas.

| Sensor inductivo | Sensor ultrasónico | Celda de carga | Sensor de humedad | Detector de movimiento | Detector de obstáculos por infrarrojos |

> Actuadores

Los **Actuadores** realizan la tarea contraria de los sensores. Son dispositivos capaces de transformar las señales eléctricas producidas por un ordenador, controlador, etc., en otras magnitudes físicas como movimiento, sonido, luz...

| Servo | Motor paso a paso | Módulo de relé | Cerradura magnética |

Los actuadores permiten a los robots interactuar con su entorno y desempeñar la labor para la que han sido diseñados.

> Programas

Los **Programas** definen las reglas de comportamiento de los robots y los dotan de la *"inteligencia"* que les permite realizar tareas más o menos complejas y tomar decisiones con relación a cambios que se producen en su entorno. Los diferentes elementos que componen el robot pueden ser programados con diversos lenguajes, en función de la plataforma en la que estemos trabajando.

> Controlador

El **Controlador** es el corazón del sistema, recibe toda la información de los sensores y gestiona el funcionamiento de los actuadores de acuerdo a las reglas que determinan los programas.

Para las prácticas, vamos a utilizar una placa ARDUINO® UNO R3 como la de la imagen.

Se puede utilizar una amplia variedad de sistemas informáticos para el control de un robot, en función de la complejidad y los requerimientos del proyecto que se lleve a cabo.

> Chasis

Es el cuerpo del robot donde se alojarán todos los componentes. La forma y el material con que esté construido serán acorde al uso o usos a los que se destine el robot.

El cine ha hecho que la primera imagen que se nos venga a la cabeza cuando hablamos de robots sea un humanoide de acero con voz metálica, sin embargo, los humanoides robóticos representan un pequeño porcentaje de estas máquinas. Sin duda, los brazos robóticos empleados en la industria integran el principal *"colectivo de ciber trabajadores"*.

EL LIBRO

- EL OBJETIVO DEL LIBRO
- LA DINÁMICA DEL LIBRO
- LOS MATERIALES

EL LIBRO

EL OBJETIVO DEL LIBRO

Ahora que ya tenemos claro lo que es un sistema robótico y las partes de las que se compone y estamos un poco más familiarizados con la terminología que utilizaremos, vamos a definir el objetivo de este libro, que no es otro que el de aprender a:

1/ Montar SENSORES y ACTUADORES básicos.

2/ Escribir los programas necesarios para manejarlos.

Este aprendizaje nos permitirá realizar proyectos de domótica y sistemas automatizados.

LA DINÁMICA DEL LIBRO

La **Dinámica** del libro es eminentemente práctica. Vamos a trabajar mostrando un uso práctico de los conocimientos que vamos adquiriendo.

Se han integrado tanto los conceptos teóricos a nivel hardware, como los recursos de programación empleada en solucionar cada uno de los ejercicios propuestos. Todos los conceptos teóricos que se manejan se aprenderán mediante ejercicios prácticos y su contenido está en este libro.

LOS MATERIALES

Para realizar todas las prácticas es necesario disponer de un ordenador con conexión a internet y un puerto USB libre.

Por otra parte, serán necesarios una serie de elementos y componentes electrónicos, todos ellos económicos y de muy fácil adquisición, para realizar los circuitos propuestos. **Estos componentes son:**

- **1 Placa Arduino® tipo UNO R3 con cable USB**
- **1 "Protoboard" de 400 puntos para el montaje de los circuitos**
- **Cables "Dupont" macho-macho para el conexionado**
- **1 Servo Oscilante de 180° de Rotación de 5 voltios**
- **1 Servo de Rotación Continua de 5 voltios**
- **1 Sensor de Ultrasonidos HC-SR04**
- **3 Leds rojos de 5 mm**
- **3 Leds verdes de 5 mm**
- **3 Leds amarillos de 5 mm**
- **1 Led RGB de cátodo común**
- **1 Sensor LDR**
- **10 Resistencias de 220 ohmios**

- 5 Resistencias de 10k ohmios
- 7 Resistencias de 1M ohmios
- 2 Resistencias de 1k ohmios
- 1 Display 7 Segmentos de cátodo común
- 1 Pulsador para protoboard
- 1 Sensor Infrarrojos activo con LM393
- 3 Resistencias ajustables de 10k ohmios (potenciómetros)
- 1 Zumbador
- 1 Display LCD de 16x2
- 1 Interface I2C para el Display LCD
- 1 Relé Mecánico
- 1 Relé de Estado Sólido
- 1 Sensor Reed
- 1 Pila de 9 voltios con portapilas (para la práctica 31)
- 1 Bombilla, Ventilador... que se conecte a 220 voltios (para la práctica 32)
- 1 Imán

¡Toma nota!

CONOCIENDO ARDUINO UNO

¿QUÉ ES ARDUINO?

CARACTERÍSTICAS DE LA PLACA ARDUINO UNO

CONOCIENDO ARDUINO UNO

¿QUÉ ES ARDUINO?

Podemos definir **Arduino** como una "plataforma de desarrollo de automatismos programables". Las placas Arduino tienen un microcontrolador y una serie de circuitos auxiliares que nos permiten conectarlo y programarlo desde un PC.

Existen diversos tipos de placas Arduino, pero quizás la que se ha hecho más común es la denominada Arduino UNO R3, y es la que hemos elegido para realizar los ejercicios prácticos en este manual.

Arduino es una plataforma de código abierto, por lo que encontraremos multitud de fabricantes que nos ofrecen diversas versiones, la mayoría de ellas compatibles 100 %, de este hardware. Sin embargo, a pesar de ser compatibles, es muy posible que difieran en su aspecto

Placa Arduino UNO R3

externo, pudiendo encontrar placas con distintos tipos de conector USB o de encapsulado del micro controlador. Sin embargo, estas diferencias no afectan a su programación.

CARACTERÍSTICAS DE LA PLACA ARDUINO UNO

- **Micro Controlador** ATmega328
- **Voltaje Operativo** .... 5 v
- **Voltaje de Entrada** .... 7-12 v (recomendado)
- **Entradas/Salidas Digitales** .... 14 (6 salidas PWM)
- **Entradas Analógicas** 6
- **Memoria Flash** .... 32 kb
- **Memoria Usada Bootloader** .... 0,5 kb
- **SRAM** .... 2 kb
- **EEPROM** .... 1 kb
- **Velocidad del Reloj** .... 16 mhz

Vamos a identificar cada uno de los componentes que integran la placa Arduino UNO.

> Entradas/Salidas digitales: 14 (6 salidas PWM)

La placa Arduino UNO tiene catorce puertos digitales que se pueden configurar como puertos de entrada o de salida de manera individual e independiente.

Si un puerto digital se configura en modo entrada, será capaz de leer las señales que se apliquen en dicho puerto. Como estamos hablando de puertos digitales, se podrán leer solo dos tipos de señales "**HIGH**" y "**LOW**", es decir, nivel "Alto" si aplicamos 5 Vcc o nivel "Bajo" si lo conectamos a tierra (GND).

De estos catorce puertos de entrada/salida digital, tenemos seis de ellos que están marcados con el carácter ~ (**3**, **5**, **6**, **9**, **10** y **11**) y que se denominan "salidas PWM". La característica de estos puertos es la de poder utilizarlos como "*salidas pseudoanalógicas*". Hay otros dos con una peculiaridad especial. El pin **0** marcado como **RX** y el pin **1** marcado

como **TX**. Estas peculiaridades, así como su utilidad y manejo, se explicarán más adelante, en la página 174.

Finalmente tenemos el pin **13** que tiene la peculiaridad de incorporar un led que está localizado en la placa y que puede ser utilizado por nuestros programas.

> Entradas Analógicas: 6

La placa también cuenta con seis pines etiquetados desde el **A0** al **A5** que son **Entradas Analógicas**.

Hay que recalcar que los pines analógicos son **SOLO DE ENTRADA**.

Estos pines permiten leer los valores de una señal comprendidos entre 0 y 5 voltios, a diferencia de los digitales que solo pueden identificar valores binarios, 0 y 1.

> Salidas de corriente

Hay dos pines que suministran la corriente necesaria para alimentar diferentes dispositivos.

Tiene una salida de corriente de **5 V** y otra de **3,3 V** además de dos pines para la conexión a tierra o **GND** (de la palabra *Ground* del inglés) en la parte inferior y un tercero a continuación del pin digital **13**.

Como ya hemos comentado por la diversidad de fabricantes que ofrecen placas compatibles, no será raro encontrar algunos modelos con alguna salida más de alimentación.

Existen otros pines ligados a la alimentación de la placa y a diversas referencias de tensión, pero no son objeto de estudio en este libro y por ello no entraremos a detallar su funcionalidad.

> Puerto USB

Todas las placas Arduino incorporan un puerto **USB** que permite conectarlas a un PC.

Esta conexión, además de utilizarse para cargar los programas en el microcontrolador, posibilita el intercambio de datos entre la consola y dichos programas.

Cuando la placa está conectada al puerto USB del ordenador, está siendo alimentada por la corriente de dicho puerto, si bien no es esta la única opción de alimentación de la que dispone Arduino.

Como ya hemos comentado, podemos encontrar varios tipos de conectores USB pero en todos los casos la funcionalidad será la misma.

> Voltaje de Entrada 7-12 V (recomendado)

Esta entrada sirve para alimentar la placa cuando no está conectada al ordenador y permite suministrar más corriente a los dispositivos conectados. Esto es especialmente importante si se conectan varios dispositivos como servos o relés que totalicen un consumo de corriente que haga insuficiente la aportada por el puerto USB del ordenador.

Esta conexión está dotada de un limitador de tensión que permite conectar, por ejemplo, un pack de pilas de 9 o 12 Vcc.

> Botón de RESET

El botón de **RESET** que montan todas las placas Arduino tiene como función reiniciar la ejecución del programa desde el principio, como si se conectase la placa por primera vez después de haber cargado el programa.

Este botón de RESET no borra la memoria del microcontrolador ni elimina el programa que ha sido cargado, solo lo reinicia.

PRACTICANDO CON LA PROTOBOARD

¿QUÉ ES LA PROTOBOARD?

¿CÓMO SE UTILIZA LA PROTOBOARD?

PRACTICANDO CON LA PROTOBOARD

¿QUÉ ES LA PROTOBOARD?

Una **protoboard** es una tablilla con contactos que nos permite realizar prototipos de circuitos electrónicos sin necesidad de soldar los componentes, agilizando de esta manera la tarea de construir los circuitos para las prácticas que vamos a realizar.

¿CÓMO SE UTILIZA LA PROTOBOARD?

Los contactos que tiene una protoboard están distribuidos como muestra la imagen a continuación.

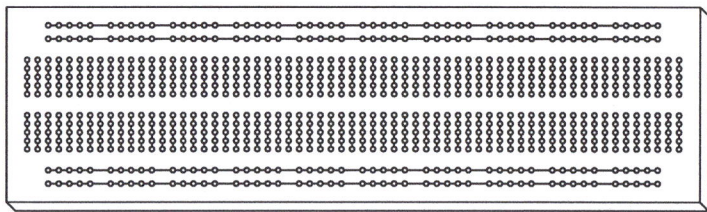

Es importante tener claro este conexionado para realizar correctamente los circuitos. Un número considerable de los problemas de funcionamiento que se producen al realizar las prácticas, son directamente achacables a errores cometidos en las conexiones.

Si se observan las líneas pintadas en los laterales de la protoboard se verá que corresponden a una conexión que recorre longitudinalmente los laterales de la placa y que solemos utilizar para conectar las líneas de alimentación. La línea roja corresponde al polo positivo, mientras que la azul corresponde al negativo. Sin embargo, si mostrasen una interrupción en el centro, la conexión estará interrumpida en ese punto y lo que tendremos en realidad son "dos medias protoboards", lo que en ocasiones puede resultar de utilidad.

En el mercado podemos encontrar muy diversos modelos de placas de prototipado, pero en la mayoría de ellas los criterios de conexión son los mismos.

> **MUY IMPORTANTE:** Como norma general, vamos a conectar todos los elementos que necesitemos en las distintas prácticas como aparecen en los esquemas.

No obstante, antes de empezar a colocar componentes en la protoboard conviene que tengamos algo de información sobre esos componentes:

> La Resistencia - Código de colores

Por definición, una **resistencia** es un elemento que se opone al paso de la corriente.

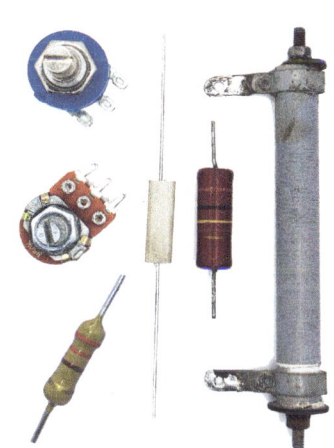

Existen diversos tipos de resistencias y su elección dependerá del uso que se vaya a hacer de cada una de ellas. En nuestro caso nos centraremos en las llamadas "resistencias de carbón" que son las más comunes en los circuitos electrónicos.

Para poder identificar su valor en ohmios (Ω), estas resistencias tienen pintadas unas rayas de colores.

Existen varios códigos según tengan tres, cuatro o más rayas de color.

En nuestro caso utilizaremos resistencias con cuatro franjas. Las tres primeras corresponden al valor en ohmios mientras que la cuarta, normalmente dorada o plateada, expresa el margen de error que tiene ese valor. A este margen de error se le denomina "Tolerancia".

En la siguiente imagen tenemos la tabla de colores que permite identificar el valor de la resistencia y su tolerancia.

Color	1ª Banda	2ª Banda	3ª Banda	Tolerancia %
Negro	0	0	x1	
Marrón	1	1	x10	
Rojo	2	2	x100	2%
Naranja	3	3	x1000	
Amarillo	4	4	x10000	
Verde	5	5	x100000	
Azul	6	6	x1000000	
Violeta	7	7	x10000000	
Gris	8	8	x100000000	
Blanco	9	9	x1000000000	
				Dorado 5%
				Plata 10%

Tomando de ejemplo la resistencia de 220 ohmios de la imagen, vamos a ver su codificación de colores:

- ■ 1ª- Banda Rojo 2
- ■ 2ª- Banda Rojo 2
- ■ 3ª- Banda Marrón .... Multiplica x 10 (22 x 10 = 220 Ω)
- ■ 4ª- Banda Dorado .... Tolerancia del 5 % del valor marcado

> El Led (diodo emisor de luz)

Un **led** está construido con un semiconductor de unión p-n, y por tanto se trata de un diodo.

Sin embargo, la particularidad de los leds frente a los diodos convencionales, es que cuando se les aplica tensión en sus terminales, los leds liberan energía en forma de fotones, es decir, emiten luz. El color de la luz generada por los diodos led viene determinado por la composición del semiconductor con el que están construidos.

Por ejemplo, el arseniuro de galio y aluminio produce colores rojos e infrarrojos, sin embargo, el arseniuro fosfuro de galio produce colores anaranjados y amarillos.

Los leds que más frecuentemente empleamos en electrónica están encapsulados con plástico de colores para facilitar su identificación, pero podemos encontrarlos con encapsulados transparentes. Sin embargo, al iluminarse, lo harán de diversos colores según el material con el que estén construidos.

Cuando se conecta un led a un circuito hay que prestar una **atención muy especial** a la polaridad de este.

El led tiene dos patillas para su conexión. La patilla más larga siempre corresponde al positivo (ánodo). No obstante, si por cualquier motivo tuviese las patillas cortadas y no se pudiese identificar el positivo, podemos fijarnos en que su encapsulado tiene una zona aplanada que está situada junto al cátodo (la patilla del negativo).

También es importante colocar siempre en serie con el led una resistencia con un valor de 220 Ω para evitar someterlo a una sobretensión ya que la placa suministra 5 Vcc en sus puertos y la tensión nominal de trabajo de los leds está entre los 1,7 y los 3,5 Vcc.

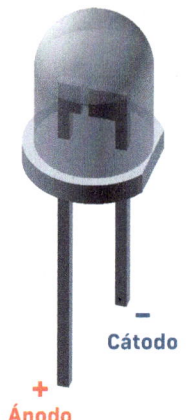

–
Cátodo

+
Ánodo

PRÁCTICA NÚMERO 1

Como la mejor manera de fijar conocimientos es ir practicando lo aprendido, vamos a realizar un sencillo montaje donde la placa será una simple fuente de alimentación de 5 Vcc que utilizaremos para encender un led.

El material necesario para este montaje es el siguiente:

- **Arduino Uno** 1
- **Protoboard** 1
- **Resistencia de 220 Ω (rojo, rojo, marrón)** 1
- **Led rojo** 1

Hemos comentado previamente que en cada práctica deberemos conectar los distintos elementos como indica la figura.

Si hemos realizado correctamente el montaje de esta Práctica Número 1, cuando conectemos el cable USB al Arduino y al PC se encenderá el led.

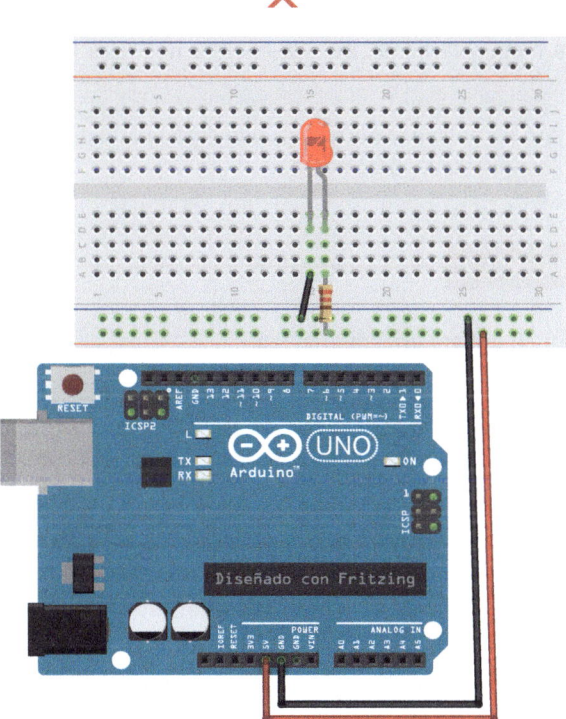

NOTA: Todos los diagramas de circuito de este libro están realizados con FRITZING y las imágenes de sensores y componentes tomadas de sus librerías. Se mantiene el logo de ARDUINO® de la librería de FRITZING por motivos de claridad de la descripción de la imagen y para una mejor comprensión del lector.

Para familiarizarnos un poco más con nuestro entorno de prototipado vamos a realizar un segundo montaje antes de instalar el entorno de programación de Arduino.

En el siguiente montaje vamos a utilizar un pulsador. Veamos cómo se conecta.

> El Pulsador

El funcionamiento del **pulsador** es muy sencillo, cuando presionamos el botón se cierra el circuito y al dejar de presionarlo el circuito se abre.

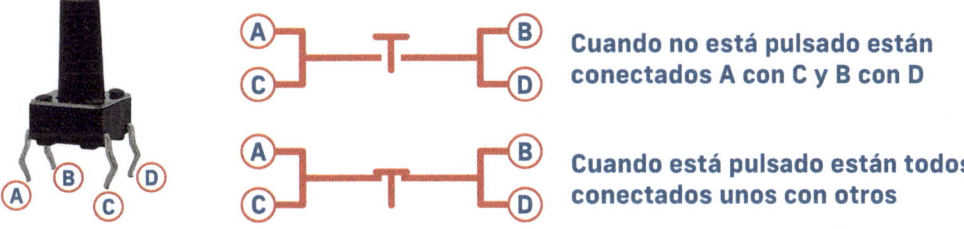

Cuando no está pulsado están conectados A con C y B con D

Cuando está pulsado están todos conectados unos con otros

Debemos fijarnos que las patillas de contacto están a ambos laterales, y que la cara frontal y posterior no tiene ningun terminal. De esa manera nos será fácil identificar cómo debe conectarse.

Se ha elegido este tipo de pulsador porque su uso está muy extendido en los montajes experimentales por su simplicidad y bajo coste.

PRÁCTICA NÚMERO 2

Al oprimir el pulsador se deberá encender el led.

El material necesario para este montaje es el siguiente:

- **Arduino Uno** **1**
- **Protoboard** **1**
- **Resistencia de 220 Ω (rojo, rojo, marrón)** **1**
- **Led rojo** **1**
- **Pulsador** **1**

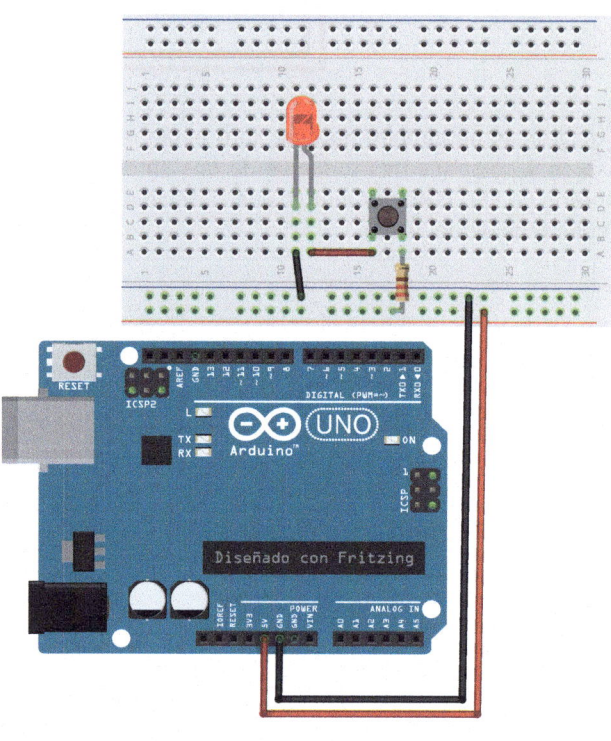

EL ENTORNO INTEGRADO DE DESARROLLO

IDE

EL ENTORNO INTEGRADO DE DESARROLLO (ARDUINO IDE)

IDE

Para empezar a trabajar con Arduino lo primero que deberemos hacer es instalar el entorno integrado de desarrollo (o IDE, que son sus siglas en inglés) en nuestro ordenador.

Para ello lo primero que haremos será ir a la página de descarga de Arduino que es: **https://www.Arduino.cc/en/software**

Una vez en la página de descargas, seleccionaremos la opción correspondiente a nuestro sistema operativo y procederemos a descargar el software. Antes de la descarga tendremos la oportunidad de hacer una aportación económica al proyecto Arduino.

A continuación, deberemos seguir las instrucciones de las pantallas que irán apareciendo y que serán diferentes en función del sistema operativo elegido.

Una vez instalado podremos empezar a trabajar. Como ya hemos comentado, existen muchos fabricantes de placas 100 % compatibles con Arduino UNO, sin embargo, al conectar algunas de ellas, no serán reconocidas inmediatamente por el IDE de Arduino, siendo necesario instalar un driver para placas compatibles. En Internet podemos encontrar varios de ellos.

Una vez cargado el IDE, lo arrancaremos y nos presentará una pantalla similar a esta.

Esta pantalla muestra la estructura básica de un programa Arduino.

Todos los programas constan, como mínimo de dos funciones que reciben el nombre de **setup** y **loop** respectivamente.

Es importante saber que al conectar Arduino y cargar el programa se iniciará el flujo de ejecución empezando en el **setup**.

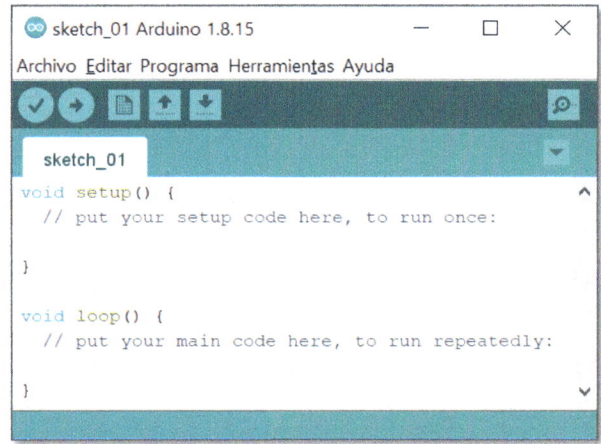

Pantalla de ARDUINO® IDE*

Primero ejecutará todas las instrucciones contenidas en él y, al terminar, empezará a ejecutar las instrucciones contenidas en la función **loop**.

Cuando termine con las instrucciones de la función **loop**, **EMPEZARÁ A EJECUTAR DE NUEVO TODAS LAS INSTRUCCIONES** contenidas en esta función y así seguirá indefinidamente.

---

* Todas las pantallas que se muestran en este libro corresponden al entorno de desarrollo integrado de Arduino® (ARDUINO® IDE).

Es muy importante entender este funcionamiento y tener claro que la siguiente instrucción que se ejecuta después de la última de la función **loop** es la primera instrucción de dicha función.

Este diagrama define el flujo de ejecución de un programa Arduino.

Es conveniente añadir comentarios a los programas porque en un futuro, si es necesario realizar algún cambio, nos será de gran ayuda toda la información que dejemos escrita.

Todo lo que se escriba a la derecha de // se considerará un comentario y no afectará al programa.

Para introducir comentarios más largos que puedan ocupar varias líneas se iniciarán con /* y se terminarán con */.

Todo lo que quede comprendido entre medias no afectará al programa ni ocupará espacio en la memoria de Arduino.

Veamos algunos ejemplos de cómo añadir comentarios:

```
void loop()
{
digitalWrite(2, HIGH);    // Pone el pin 2 en alto para encender el led
delay(10);                // Detiene la ejecución durante 10 milisegundos
digitalWrite(2, LOW);     // Pone el pin 2 en bajo para apagar el led
delay(10);                // Detiene la ejecución durante 10 milisegundos
}
```

También, podemos escribir, como hemos indicado, entre los símbolos /* y */:

```
/*
Este programa realiza la lectura de datos enviados desde el PC por el puerto serie
y enciende o apaga los focos exteriores del estadio mediante el uso de unos relés
que activan los contactores de fuerza del sistema de iluminación
*/
```

Las "palabras reservadas" del lenguaje de programación cambian de color si están correctamente escritas. Es importante poner las llaves (**{ }**) y los puntos y coma (**;**) para evitar errores de sintaxis.

Ahora ya estamos preparados para escribir nuestro primer programa.

¡Toma nota!

TEMA 1

- ENCENDER UN LED
- LA FUNCIÓN DIGITALWRITE
- LA FUNCIÓN PINMODE
- COMPILAR Y CARGAR UN PROGRAMA
- LA FUNCIÓN DELAY

TEMA 1

ENCENDER UN LED

En la práctica número uno vimos cómo encender un led usando una placa Arduino como fuente de alimentación. No utilizábamos ningún programa, así que podíamos haber hecho esta práctica sustituyendo a Arduino por una simple pila.

Sin embargo, el uso de un microcontrolador se justifica si queremos manejar este led de manera "inteligente". Mediante la ejecución de un programa vamos a conectar o desconectar la tensión que enciende o apaga este led, pero antes debemos conocer dos funciones: digitalWrite() y pinMode().

LA FUNCIÓN DIGITALWRITE

Para encender un led, conectaremos una de sus patillas al polo correspondiente, por ejemplo, conectaremos la patilla mas corta (negativo) al GND de la placa Arduino. La otra patilla, en este caso la positiva (la patilla más larga), la conectaremos a un puerto digital de Arduino, por ejemplo, el número 2, intercalando una resistencia de 220 Ω en alguna de ellas. En el ejemplo la hemos intercalado en el positivo.

Si el puerto 2 tiene una salida de 5 Vcc se encenderá el led y si tiene 0 Vcc se apagará.

Pero ¿cómo ponemos 5 Vcc o 0 Vcc en el puerto 2?

Pues utilizando la instrucción digitalWrite(). Esta es su sintaxis:

```
digitalWrite(Puerto, VALOR);
```

Puerto .... Número del puerto que se quiere controlar, en este caso el 2.
VALOR .... Valor que se asigna al puerto HIGH = 5 Vcc y LOW = 0 Vcc.

LA FUNCIÓN PINMODE

Los puertos digitales que tiene la placa Arduino pueden ser de entrada o de salida.

Si vamos a leer valores en esos puertos serán de entrada y si vamos a escribir en ellos serán de salida.

Vamos a ver cómo definirlos con la instrucción pinMode(). Esta es su sintaxis:

```
pinMode(Puerto, TIPO);
```

Puerto .... Número del puerto que se quiere controlar, en este caso el 2.
TIPO .... Tipo de puerto: **INPUT** como entrada, **OUTPUT** como salida.

PRÁCTICA NÚMERO 3

Escribir un programa que al ejecutarlo encienda o apague el led del circuito.

Una vez escrito, deberemos compilarlo y cargarlo en la placa.

El material necesario para este montaje es el siguiente:

- **Arduino Uno** **1**
- **Protoboard** **1**
- **Resistencia de 220** Ω
  (rojo, rojo, marrón) **1**
- **Led rojo** **1**

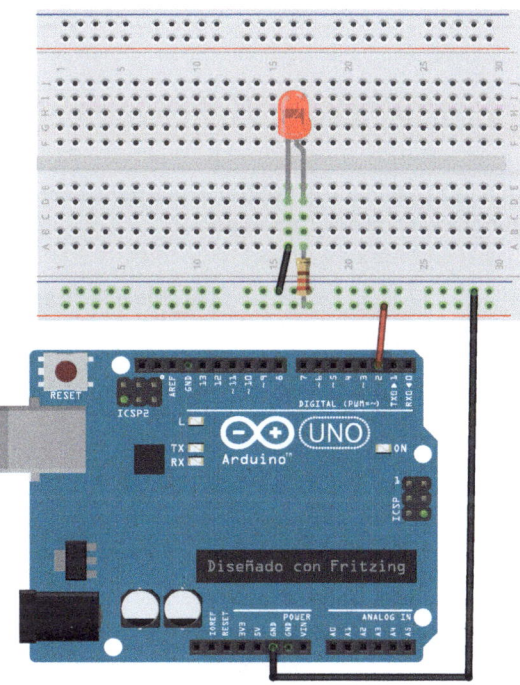

```
void setup()
{
   pinMode(2, OUTPUT);     // Define el pin 2 como salida
}

void loop()
{
   digitalWrite(2, HIGH);     // Pone el pin 2 en alto para encender el led
}
```

Para modificar este programa para que apague el led, bastará con sustituir la instrucción:

```
digitalWrite(2, HIGH);    // Pone el pin 2 en alto para encender el led
```

por esta otra:

```
digitalWrite(2, LOW);    // Pone el pin 2 en bajo para apagar el led
```

Si cargamos y ejecutamos de nuevo el programa el led se apagará.

COMPILAR Y CARGAR UN PROGRAMA

Una vez terminado el programa podremos verificar que está correctamente escrito pulsando el botón con el "TIC" en el IDE.

Si todo está correcto aparecerá la palabra "**Compilado**" en la parte inferior de la pantalla después de realizar el salvado del programa.

```
void loop() {
  // put your main code here, to run repeatedly:

}
Compilado
El Sketch usa 444 bytes (1%) del espacio de almace
Las variables Globales usan 9 bytes (0%) de la mem
```

Perfecto, ya tenemos un programa de Arduino correctamente escrito. Ahora hay que cargar-lo en la placa y para ello debemos verificar dos puntos:

1/ Asegurarse que el tipo de placa para la que se va a generar el código se corresponde con la que tenemos conectada (en este caso Arduino UNO).

Para ello hay que ir al menú **Herramientas > Placa** y seleccionar la opción **Arduino Uno**.

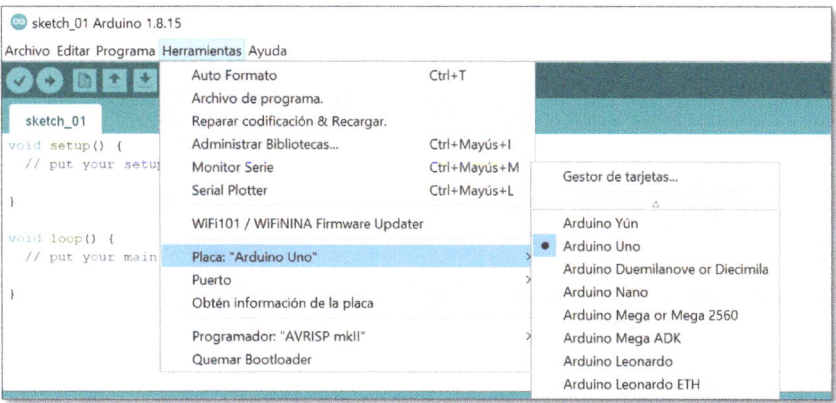

2/ Asegurarse que el **Puerto** al que está conectada dicha placa está correctamente identificado.

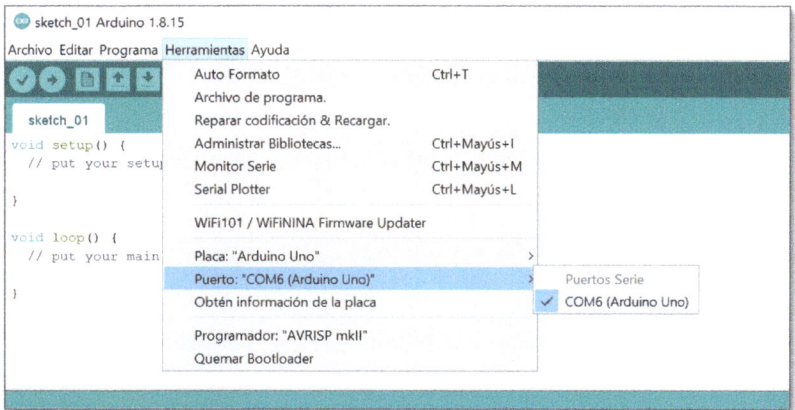

Es muy frecuente que la indicación del puerto que aparece en la parte inferior derecha de la pantalla no se corresponda con el puerto que realmente reconoce el IDE. Para ello hay que ir al menú **Herramientas > Puerto** y seleccionar el correcto.

Ahora ya podemos cargar el programa en la placa.

Para ello pulsaremos el icono de la flecha.

Lo primero que hará el IDE es compilar de nuevo el programa y a continuación lo cargará en la placa. Si la carga es correcta podremos ver el mensaje "**Subido**" donde antes ponía "Compilado".

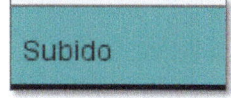

* Todas las pantallas aquí mostradas corresponden al entorno de desarrollo integrado de Arduino® IDE.

LA FUNCIÓN DELAY

La función **delay**(x) detiene la ejecución del programa durante "x" milisegundos.

Es como si Arduino se "durmiese" durante este tiempo y todo quedase como estaba. Si el led estaba encendido seguirá encendido, y si estaba apagado seguirá apagado.

Pasado el tiempo x, Arduino se "despertará" y seguirá la ejecución del programa normalmente.

Para realizar una pausa de un segundo (1.000 milisegundos) la instrucción quedaría así:

```
delay(1000);
```

PRÁCTICA NÚMERO 4

Basándonos en el montaje anterior, vamos a modificar el programa para que el led parpadee con una frecuencia de encendido/apagado de medio segundo.

El material necesario para este montaje es el siguiente:

- **Arduino Uno** 1
- **Protoboard** 1
- **Resistencia de 220 Ω** (rojo, rojo, marrón) 1
- **Led rojo** 1

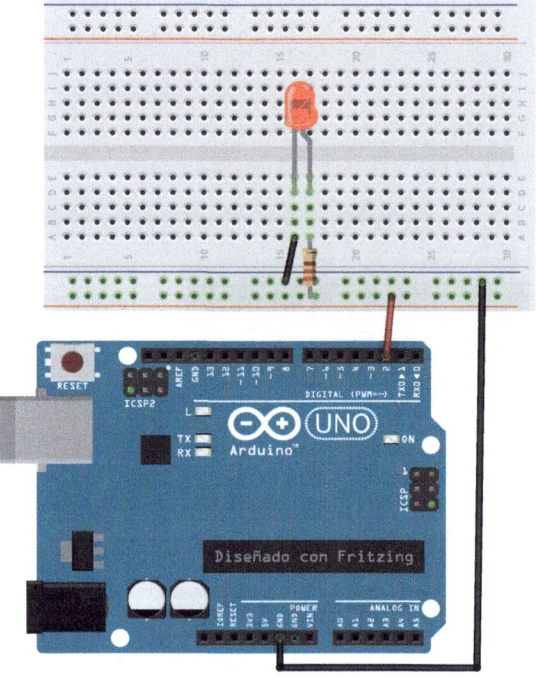

```
void setup()
{
   pinMode(2, OUTPUT);      // Define el pin 2 como salida
}
void loop()
{
   digitalWrite(2, HIGH);   // Pone el pin 2 en alto para encender el led
   delay(500);              // Detiene la ejecución durante medio segundo
   digitalWrite(2, LOW);    // Pone el pin 2 en bajo para apagar el led
   delay(500);              // Detiene la ejecución durante medio segundo
}
```

Recordemos que cuando se ejecute la última instrucción del **loop**, volverá a ejecutarse todo el **loop** desde el principio y así indefinidamente con lo que el parpadeo no se detendrá mientras que Arduino siga conectado.

¡Toma nota!

TEMA 2

- DECLARACIÓN DE VARIABLES
- LEER UN PUERTO DIGITAL
- ESTRUCTURA IF-ELSE
- ENCENDER UN LED CON UN PULSADOR
- VARIABLES DE ESTADO
- OPERADORES LÓGICOS EN ARDUINO

TEMA 2

DECLARACIÓN DE VARIABLES

> Las Variables

Imaginemos que la memoria de un ordenador, un microcontrolador... una máquina en general, es como una gran pizarra donde podemos apuntar datos, nombres, letras, números, etc., y para saber qué significa cada valor le ponemos un nombre a ese espacio de pizarra y lo llamamos teléfono, canción favorita, calle, edad... Esos nombres son las **variables** y las utilizamos en nuestro programa para registrar un valor.

Se llama variable porque el valor de este dato puede cambiar a lo largo de la ejecución del programa según las necesidades de este.

Cuando creamos una variable tendremos que indicar el tipo de información que vamos a guardar en ella. Por ejemplo, si vamos a guardar un carácter la variable será de tipo char, si es un valor true o false la variable será de tipo bool (booleana), etc.

Para este programa vamos a definir una variable de tipo entero (int) que es un número cuyo valor estará comprendido entre -32.768 y 32.767.

Las variables se declaran antes del **void setup**() y su sintaxis es:

> Tipo **Nombre = Valor;**

Tipo.............. Tipo de la variable **int**, **byte**, **long**, **bool**, **char**, **float**, **double**...
Nombre....... Nombre de la variable.
Valor .... Valor inicial asignado. No es obligatorio.

LEER UN PUERTO DIGITAL

En las dos prácticas anteriores aprendimos a escribir en un puerto digital, pero también podemos leer el valor de estos puertos. Veamos cómo se hace.

Lo primero que hay que tener en cuenta para leer en un puerto digital, es que dicho puerto debe estar declarado como puerto de entrada y eso lo hacemos con la instrucción **pinMode**() como vimos antes.

Un ejemplo sería este:

> **pinMode(12, INPUT);**

Ahora que ya tenemos un puerto de entrada vamos a leer en él con la instrucción **digitalRead**() y vamos a guardar el valor leído en una variable. Esta sería su sintaxis:

Variable....... Nombre de la variable donde almacenaremos el valor leído.

> **Variable = digitalRead(Puerto);**

Puerto .... Número del puerto que se quiere leer.

ESTRUCTURA IF-ELSE

La función **if** permite evaluar una condición y, si esta condición se cumple, ejecutar una instrucción o grupo de instrucciones.

De manera optativa podemos añadir **else** para ejecutar otras si la condición no se cumple.

Veamos su sintaxis:

```
if(Condicion por ej. a > b)   // Si se cumple que a es mayor que b
{
    Instrucción1;              // Ejecuta Instrucción1
    Instrucción2;              // Ejecuta Instrucción2
    Instrucción3;              // Ejecuta Instrucción3
}
else                          // Si no se cumple que a es mayor que b
{
    Instrucción4;              // Ejecuta Instrucción4
    Instrucción5;              // Ejecuta Instrucción5        OPCIONAL
    Instrucción6;              // Ejecuta Instrucción6
}
```

Si se cumple la "**Condicion**" (que a es mayor que b) el programa entrará en el **if** y se ejecutarán las instrucciones 1, 2 y 3, y si no se cumple la "**Condicion**" entrará en el **else** y se ejecutarán las instrucciones 4, 5 y 6.

Si se ejecuta una instrucción en vez de varias, por ejemplo, solo la **Instrucción1;** no sería necesario colocarla entre **{}**.

ENCENDER UN LED CON UN PULSADOR

Ahora que sabemos cómo utilizar las variables, leer un puerto digital y utilizar la estructura **if else**, vamos a realizar una práctica donde podamos aplicar los conocimientos adquiridos.

PRÁCTICA NÚMERO 5

Vamos a realizar un circuito con un pulsador y un led, es decir, con un sensor (el pulsador) y un actuador (el led). Es importante que aprendamos a ver este circuito como dos elementos independientes conectados a una placa Arduino.

El programa que vamos a escribir leerá el puerto donde está conectado el pulsador y en función de su valor actuaremos sobre el led. Si se presiona el pulsador se encenderá el led y se apagará al dejar de presionarlo.

Para leer el puerto donde está conectado el pulsador vamos a utilizar una variable (aunque no es imprescindible) para así practicar con ellas.

El material necesario para este montaje es el siguiente:

- **Arduino Uno** 1
- **Protoboard** 1
- **Resistencia de 220 Ω (rojo, rojo, marrón)** 1
- **Resistencia de 10 kΩ (marrón, negro, naranja)**.............1
- **Led rojo** 1
- **Pulsador** 1

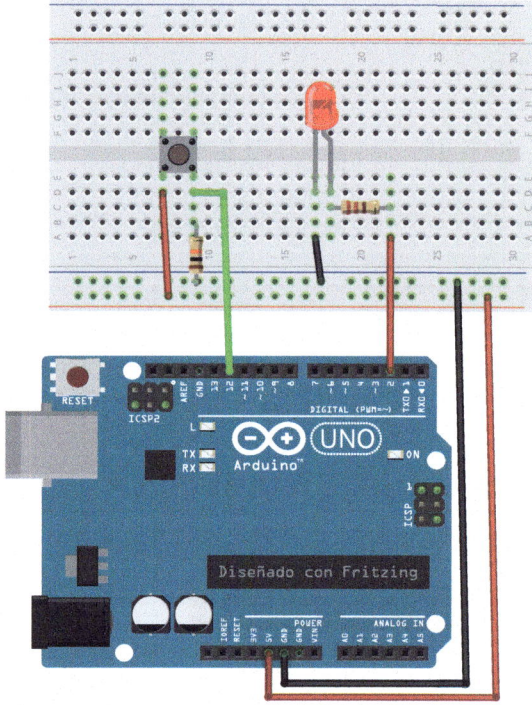

```
int pulsado = 0;                 // Define la variable pulsado de tipo entero

void setup()
{
   pinMode(12, INPUT);           // Asigna el puerto 12 como entrada
   pinMode(2, OUTPUT);           // Asigna el puerto 2 como salida
}


void loop()
{
   pulsado = digitalRead(12);    // Asigna el valor del puerto 12 a pulsado
   if(pulsado == HIGH)           // Si el valor leído en el puerto 12 es HIGH
   {
      digitalWrite(2, HIGH);     // Pone el puerto 2 en HIGH y enciende el led
   }
   else                          // Si el valor leído en el puerto 12 no es HIGH
   {
      digitalWrite(2, LOW);      // Pone el puerto 2 en LOW y apaga el led
   }
}
```

Vamos a explicar algunos detalles de este programa:

■ En primer lugar vemos que, para comparar dos variables o una variable y un valor, se deben utilizan dos signos de igual "=="

```
if(pulsado == HIGH)
```

ya que si se utiliza uno solo significa que se está asignando un valor

```
pulsado = digitalRead(12);
```

■ También se aprecia que, a pesar de que **pulsado** es una variable de tipo **int**, comparamos con la constante del sistema **HIGH**. Esto lo hacemos así porque cuando a la entrada de un puerto digital se le aplican 5 Vcc, toma valor **HIGH** (un 1 lógico) y cuando está conectado a tierra (GND), toma valor **LOW** (un 0 lógico). Por tanto, la comparación con un valor entero no producirá ningún error.

■ En nuestro circuito, al presionar el pulsador, aplicaremos 5 Vcc (**HIGH**, un 1 lógico) en el puerto 12, pero el puerto 12 también está conectado a GND para asegurar que está a **LOW** (tiene un 0 lógico) cuando no está presionado el pulsador. La conexión a GND del puerto 12 se realiza a través de una resistencia de 10 kΩ para evitar un cortocircuito en la alimentación cuando se apliquen los 5 Vcc. Esta resistencia recibe el nombre de "resistencia de PULL-DOWN".

■ Cuando se presiona el pulsador y se asigna a la variable **pulsado** el valor leído en el puerto, dicha variable tomará valor HIGH.

Al llegar en el programa a la instrucción **if**, se cumplirá la condición de que **pulsado** es igual a HIGH y el programa ejecutará la instrucción digitalWrite(2, HIGH); encendiendo el led.

Al soltar el pulsador dejarán de llegar 5 Vcc al puerto 12, quedando entonces dicho puerto conectado al GND a través de la resistencia de 10 kΩ. Debemos recordar que estamos en un **loop** y por tanto el programa estará leyendo continuamente el puerto 12 y asignando el valor a **pulsado**. Esta vez la variable tomará el valor LOW. Al no cumplirse la condición del **if**, el programa ejecutará la instrucción del **else**, digitalWrite(2, LOW); lo que provocará el apagado del led.

PRÁCTICA NÚMERO 6

Añadir un segundo led de color verde al circuito conectado en el pin 3 de tal manera que, si no está presionado el pulsador, esté encendido el led rojo y apagado el verde y, si se presiona el pulsador, se apague el rojo y parpadee el verde.

El material necesario para este montaje es el siguiente:

- **Arduino Uno** 1
- **Protoboard** 1
- **Resistencias de 220 Ω**
  (rojo, rojo, marrón) 2
- **Resistencia de 10 kΩ de**
  (marrón, negro, naranja) 1
- **Led rojo** 1
- **Led verde** 1
- **Pulsador** 1

```
int pulsado = 0;                    // Define la variable pulsado de tipo entero

void setup()
{
  pinMode(12, INPUT);               // Asigna el puerto 12 como entrada
  pinMode(2, OUTPUT);               // Asigna el puerto 2 como salida
  pinMode(3, OUTPUT);               // Asigna el puerto 3 como salida
}

void loop()
{
  pulsado = digitalRead(12);        // Asigna el valor del puerto 12 a pulsado
  if (pulsado == HIGH)              // Si el valor leído en el puerto 12 es HIGH
  {
    digitalWrite(2, LOW);           // Pone el puerto 2 en LOW y apaga el led rojo
    digitalWrite(3, HIGH);          // Pone el puerto 3 en HIGH y enciende el led verde
    delay(100);                     // Pausa de 100 milisegundos
    digitalWrite(3, LOW);           // Pone el puerto 3 en LOW y apaga el led verde
    delay(100);                     // Pausa de 100 milisegundos
  }
  else                              // Si el valor leído en el puerto 12 no es HIGH
  {
    digitalWrite(2, HIGH);          // Pone el puerto 2 en HIGH y enciende el led rojo
  }
}
```

VARIABLES DE ESTADO

Llamamos **variables de estado** (también conocidas como switches) a variables que utilizamos para registrar cambios en la situación o estado de determinados elementos, bien sea del propio programa o del hardware que este controla. Veamos un ejemplo: si tenemos un led y queremos conocer en un determinado punto del programa si está encendido o apagado, lo más sencillo será asociarle una variable que nos indique su estado. Por ejemplo:

```
bool encendido = false;     // Declara una variable booleana
```

Al encender el led actualizamos su estado

```
digitalWrite(13, HIGH);     // Enciende el led del puerto 13
encendido = true;           // Es verdad que está encendido
```

y lo mismo hacemos al apagarlo

```
digitalWrite(13, LOW);      // Apaga el led del puerto 13
encendido = false;          // Es falso que está encendido
```

OPERADORES LÓGICOS EN ARDUINO

> ¿Qué son los operadores lógicos?

Los **operadores lógicos** proceden del álgebra de Boole y por tanto, como toda lógica binaria, solo dan como resultado posible uno de estos dos valores **VERDADERO** o **FALSO**.

Los operadores lógicos se pueden combinar obteniendo con ello lo que llamamos una función lógica.

Los operadores lógicos son tres **AND**, **OR** y la negación lógica **NOT**.

Vamos a ver cómo se codifican estos operadores en el lenguaje de programación de Arduino.

AND ⟶ && ...... En el teclado pulsar las Teclas Shift + 6
OR ⟶ || .... En el teclado pulsar las Teclas AltGr + 1
NOT ⟶ ! .... En el teclado pulsar las Teclas Shift + 1

Estos operadores serán necesarios en el siguiente ejercicio.

PRÁCTICA NÚMERO 7

Vamos a retomar el circuito con un pulsador y un led, y vamos a programarlo para que al presionar el pulsador se encienda el led si está apagado o que se apague si está encendido.

El material necesario para este montaje es el siguiente:

- **Arduino Uno** 1
- **Protoboard** 1
- **Resistencia de 220 Ω (rojo, rojo, marrón)** 1
- **Resistencia de 10 kΩ (marrón, negro, naranja)** 1
- **Led rojo** 1
- **Pulsador** 1

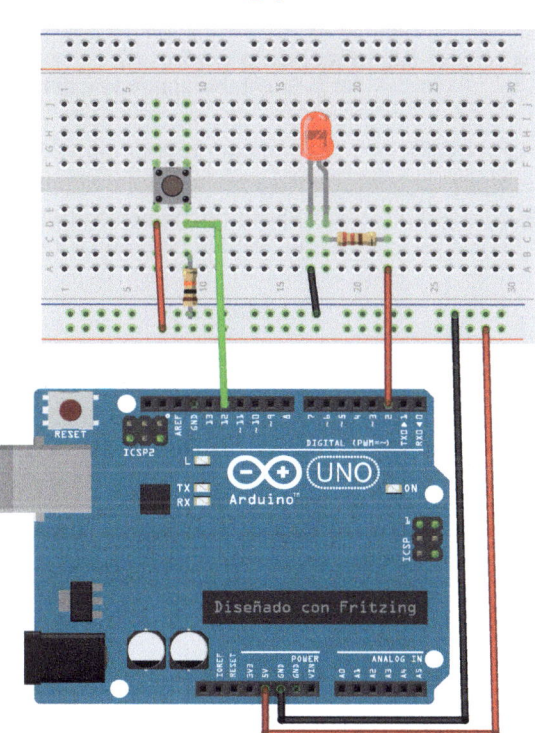

Es importante tener en cuenta la estructura de bucle infinito de **loop** para entender las soluciones propuestas. Vamos a proponer **dos soluciones** a este ejercicio.

> **Solución 1**

```
int pulsado = 0;              // Define la variable pulsado de tipo entero
bool encendido = false;       // Variable booleana del estado del led

void setup()
{
    pinMode(12, INPUT);       // Asigna el puerto 12 como entrada
    pinMode(2, OUTPUT);       // Asigna el puerto 2 como salida
    digitalWrite(2, LOW);     // Inicia el programa con el led apagado
}

void loop()
{
    pulsado = digitalRead(12);   // Asigna el valor del puerto 12 a pulsado
```

```
if ((pulsado == HIGH) && (encendido == false))
                                // Si estaba apagado y activa el pulsador
{
    digitalWrite(2, HIGH);      // Pone el puerto 2 en HIGH y enciende el led
    encendido = true;           // Registra el estado de encendido
    delay(500);                 // Pausa de medio segundo para evitar
                                // el "rebote" del pulsador
}
else                            // En otro caso
{
    if ((pulsado == HIGH) && (encendido == true))
                                // Si estaba encendido y activa el pulsador
    {
        digitalWrite(2, LOW);   // Pone el puerto 2 en LOW y apaga el led
        encendido = false;      // Registra el estado de apagado
        delay(500);             // Pausa de medio segundo para evitar
                                // el "rebote" del pulsador

    }
}
}
```

> **Solución 2**

Analizando el funcionamiento de la solución anterior detectamos dos problemas:

1/ Las instrucciones **delay**(500) limitan la velocidad a la que se pueden realizar dos pulsaciones seguidas, ya que durante el tiempo que dura dicho **delay** Arduino no está "escuchando" el puerto donde está conectado el pulsador y por tanto no detecta la pulsación.

2/ Si se mantiene presionado el pulsador, al terminar el tiempo de un **delay**, Arduino volverá a leer el puerto del pulsador y cambiará de nuevo el estado del led sin que se haya llegado a dejar de presionar el botón.

Ambos problemas se resolverían si, una vez presionado el pulsador, no volviésemos a realizar ningún cambio hasta que el pulsador se libere y sea presionado otra vez.

Existen muchas maneras de realizar un programa que resuelva un mismo problema con diferentes soluciones.

En la solución que proponemos se han creado dos variables de estado **pulsado** y **pulsado_anterior** en las que se guarda el estado actual del pulsador (si está pulsado o no) y el estado anterior (si estaba pulsado o no).

A continuación, se procede como en la solución anterior pero **SOLO** cuando ha cambiado el estado del pulsador, es decir, si estaba sin pulsar y ha sido presionado o a la inversa.

NOTA: Hemos visto que **if**(a == b) significa "Si a es igual a b".
Ahora veremos también **if**(a != b) que significa "si a es distinto de b".

```
int pulsado = 0;                  // Define la variable pulsado de tipo entero
bool encendido = false;           // Variable booleana del estado del led
bool pulsado_anterior = LOW;      // Variable booleana del estado anterior
                                  // del pulsador

void setup()
{
   pinMode(12, INPUT);            // Asigna el puerto 12 como entrada
   pinMode(2, OUTPUT);            // Asigna el puerto 2 como salida
   digitalWrite(2, LOW);          // Inicia el programa con el led apagado
}

void loop()
{
   delay(10);                     // Pausa para asegurar el contacto del pulsador
   pulsado = digitalRead(12);     // Asigna el valor del puerto 12 a pulsado

   if (pulsado_anterior != pulsado) // Si ha cambiado el estado del pulsador
   {                                // Este if no tiene else
      pulsado_anterior = pulsado;   // Ahora el valor anterior y el actual son iguales

      if ((pulsado == HIGH) && (encendido == false))
                                    // Si estaba apagado y activa el pulsador
      {
         digitalWrite(2, HIGH);     // Pone el puerto 2 en HIGH y enciende el led
         encendido = true;          // Registra el estado de encendido
      }
      else                          // En otro caso
      {
         if ((pulsado == HIGH) && (encendido == true))
                                    // Si estaba encendido y activa el pulsador
         {
            digitalWrite(2, LOW);   // Pone el puerto 2 en LOW y apaga el led
            encendido = false;      // Registra el estado de apagado
         }
      }
   }
}
```

¡Toma nota!

TEMA 3

- DECLARACIÓN DE CONSTANTES
- EL SEMÁFORO
- ESTRUCTURA DE BUCLE FOR
- VARIABLES GLOBALES Y LOCALES

TEMA 3

DECLARACIÓN DE CONSTANTES

> Las Constantes

Cuando estudiamos la variables, vimos que son nombres que se asocian a un determinado valor que está guardado en la memoria de la máquina y que ese valor puede cambiar a lo largo de la ejecución del programa.

Sin embargo, también podemos referenciar valores que no van a variar en ningún momento, es decir, son valores constantes.

Las constantes nos resultan muy útiles porque aportan legibilidad al programa, haciéndolo más fácil de escribir, de entender y de modificar.

Las constantes se declaran antes del **void setup**() y su sintaxis es:

> const Tipo **Nombre = Valor;**

Tipo............. Tipo de la constante **int**, **byte**, **long**, **bool**, **char**, **float**, **double**...
Nombre....... Nombre de la constante.
Valor .... Valor de la constante.

En la siguiente práctica vamos a incluir el uso de variables y podemos apreciar cómo facilitan escribir y entender el programa.

EL SEMÁFORO

Este tema lo vamos a empezar haciendo un ejercicio que nos servirá de base para incorporar nuevos recursos de programación.

Vamos a programar un semáforo, aunque con un funcionamiento adaptado a nuestro objetivo de aprendizaje.

PRÁCTICA NÚMERO 8

El ciclo de funcionamiento de nuestro semáforo será el siguiente:

1/ Se encenderá la luz verde durante 7 segundos. Durante este tiempo las demás luces permanecen apagadas.

2/ Pasado este tiempo se apagará la luz verde y comenzará a parpadear la luz amarilla durante 10 segundos, encendiéndose medio segundo y apagándose durante un tiempo similar.

3/ Al final de esos 10 segundos, la luz amarilla permanecerá encendida de forma fija durante 3 segundos.

4/ Finalmente se apagará la luz amarilla y se encenderá la luz roja durante 7 segundos tras lo cual el ciclo comenzará de nuevo.

El material necesario para este montaje es el siguiente:

- **Arduino Uno** 1
- **Protoboard** 1
- **Resistencias de 220 Ω
  (rojo, rojo, marrón)**........................3
- **Led rojo (1), amarillo (1)
  y verde (1)** 3

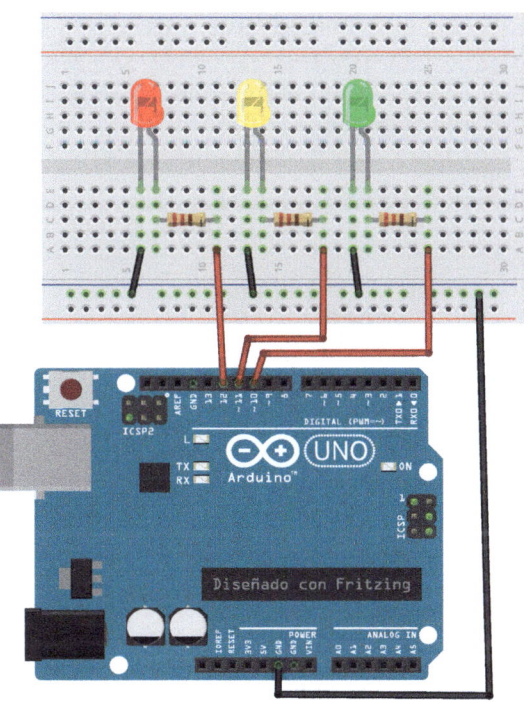

```
const int LedRojo = 12;          // Constante del puerto del led rojo
const int LedAmarillo = 11;      // Constante del puerto del led amarillo
const int LedVerde = 10;         // Constante del puerto del led verde

void setup()
{
  pinMode(LedRojo, OUTPUT);      // Asigna el puerto del led rojo de salida
  pinMode(LedAmarillo, OUTPUT);  // Asigna el puerto del led amarillo de salida
```

```
    pinMode(LedVerde, OUTPUT);          // Asigna el puerto del led verde de salida
}

void loop()
{
  digitalWrite(LedRojo, LOW);          // Apaga el led rojo
  digitalWrite(LedAmarillo, LOW);      // Apaga el led amarillo
  digitalWrite(LedVerde, HIGH);        // Enciende el led verde
  delay(7000);                         // Espera siete segundos
  digitalWrite(LedVerde, LOW);         // Apaga el led verde

  digitalWrite(LedAmarillo, HIGH);     // Enciende el led amarillo
  delay(500);                          // Espera medio segundo
  digitalWrite(LedAmarillo, LOW);      // Apaga el led amarillo
  delay(500);                          // Espera medio segundo
  -------------------- // Repetir esta parte del código 10 veces -------------------

  digitalWrite(LedAmarillo, HIGH);     // Enciende el led amarillo
  delay(3000);                         // Espera tres segundos
  digitalWrite(LedAmarillo, LOW);      // Apaga el led amarillo
  digitalWrite(LedRojo, HIGH);         // Enciende el led Rojo
  delay(7000);                         // Espera siete segundos
}
```

ESTRUCTURA DE BUCLE FOR

La parte del código marcada con un recuadro es la encargada de hacer parpadear el led amarillo y se deberá repetir tantas veces como parpadeos queremos que haga. En este caso, como nos piden que parpadee durante diez segundos y cada parpadeo dura un segundo (medio segundo apagado y medio segundo encendido), se repetirá diez veces.

Esta forma de programar el parpadeo no es ni cómoda ni práctica. Por eso, cuando hay que realizar tareas repetitivas, se utiliza una estructura en "bucle". En este caso vamos a utilizar una estructura denominada "Bucle **for**" que además nos provee de un contador que facilita el control del número de repeticiones.

La sintaxis del bucle **for** es la siguiente:

```
for(int x = 0; x < 10; x++)
```

int **x**   Variable que va a ir variando de valor en cada ciclo del bucle permitiendo controlar el final de este. Esta variable **x** se está definiendo como una variable local dentro del bucle **for**. Al final de este capítulo explicaremos la diferencia entre "variables locales" y "variables globales". **x** se declara como una variable tipo entero (**int** = **integer**) porque el rango de valores que puede tomar (entre -32.768 y 32.767) es suficiente para este ejemplo.

x = 0   Valor inicial de la variable **x** que actúa como contador. Podría ser **x = 5**, por ejemplo, si ello conviene al propósito del programa.

x < 10   Esta es la condición que debe cumplirse para que el bucle **for** siga ejecutándose. En este caso mientras **x** sea menor que 10.

x++   Al final de cada ciclo de ejecución del bucle, la variable índice cambiará su valor. Este cambio de valor será el que convenga a las necesidades del programa. En el ejemplo, **x++** incrementa el valor de **x** en una unidad y también se podría escribir **x = x + 1**.

A continuación, se ponen ejemplos de otras operaciones que se pueden realizar con la variable índice según convenga a los objetivos del bucle:

x = x + 5   **x = x − 1** (equivalente a x- -)
x = x * 2   **x = x / 5**

Al igual que en la estructura **if**, si en el bucle **for** se ejecutan un grupo de instrucciones, será necesario que estas vayan agrupadas dentro de dos llaves **{ }**.

Ejemplo:

```
for (int x = 0; x < 10; x++)        // Desde que x valga 0 y mientras
{                                   // que sea menor de 10
    digitalWrite(LedAmarillo, HIGH);   // Enciende el led amarillo
    delay(500);                        // Pausa de medio segundo
    digitalWrite(LedAmarillo, LOW);    // Apaga el led amarillo
    delay(500);                        // Pausa de medio segundo
}
```

Al iniciar el bucle, **x** vale 0 y cumple la premisa de que **x** es menor de 10 (**x < 10**).

Al final de la primera ejecución del bucle, **x** tomará valor 1 (**x++**) y, como todavía es menor de 10, continuará ejecutando el bucle.

Al final de la segunda ejecución del bucle, **x** tomará valor 2 (**x++**) y, como seguirá siendo menor de 10, continuará ejecutando el bucle.

Cuando **x** haya tomado los valores 0, 1, 2... 9 y termine de ejecutar las instrucciones del bucle, la instrucción **x++** hará que **x** alcance el valor 10 y, por tanto ya no se cumplirá la condición de que **x** sea menor a 10 puesto que ahora **x** es igual a 10 y el programa abandonará el bucle continuando su ejecución en la línea siguiente a este.

Ahora que hemos aprendido a programar un bucle **for**, vamos a incorporarlo al programa de la práctica anterior.

```
const int LedRojo = 12;              // Constante del puerto del led rojo
const int LedAmarillo  = 11;         // Constante del puerto del led amarillo
const int LedVerde = 10;             // Constante del puerto del led verde

void setup()
{
  pinMode(LedRojo, OUTPUT);          // Asigna el puerto del led rojo de salida
  pinMode(LedAmarillo, OUTPUT);      // Asigna el puerto del led amarillo de salida
  pinMode(LedVerde, OUTPUT);         // Asigna el puerto del led verde de salida
}

void loop()
{
  digitalWrite(LedRojo, LOW);        // Apaga el led rojo
  digitalWrite(LedAmarillo, LOW);    // Apaga el led amarillo
  digitalWrite(LedVerde, HIGH);      // Enciende el led verde
  delay(7000);                       // Espera siete segundos
  digitalWrite(LedVerde, LOW);       // Apaga el led verde

  for (int x = 0; x < 10; x++)       // Bucle que repite 10 veces el parpadeo
  {
    digitalWrite(LedAmarillo, HIGH); // Enciende el led amarillo
    delay(500);                      // Espera medio segundo
    digitalWrite(LedAmarillo, LOW);  // Apaga el led amarillo
    delay(500);                      // Espera medio segundo
  }

  digitalWrite(LedAmarillo, HIGH);   // Enciende el led amarillo
  delay(3000);                       // Espera tres segundos
  digitalWrite(LedAmarillo, LOW);    // Apaga el led amarillo
  digitalWrite(LedRojo, HIGH);       // Enciende el led rojo
  delay(7000);                       // Espera siete segundos
}
```

VARIABLES GLOBALES Y LOCALES

Llamamos **variables globales** a aquellas variables que pueden ser identificadas y reconocidas en todos los puntos del programa.

Las variables globales se declaran en la cabecera del programa antes del setup.

Llamamos **variables locales** a las variables que se definen en una zona concreta del programa y no pueden ser referenciadas fuera de ese entorno porque sería como si no existiesen.

Hemos visto un ejemplo de variables locales en los bucles **for**.

```
for(int x = 0; x < 10; x++)
```

Veamos un ejemplo de variable global y de variable local referenciada fuera de su entorno.

Este programa compilará sin errores:

```
int Prueba = 2;
void setup()
{
    Prueba = Prueba + 10;
}

void loop()
{
    Prueba = Prueba + 20;
}
```

Sin embargo, en este ejemplo daría error al compilar:

```
void setup()
{
    int Prueba = 2;
    Prueba = Prueba + 10;
}

void loop()
{
    Prueba = Prueba + 20;
}
```

Aquí daría un error:
'Prueba' was not declared in this scope

La variable **Prueba** está declarada dentro de la función **setup** y es una variable local de esa función, por tanto, al compilar el programa y llegar al **loop** daría el error indicado.

Por la misma razón si utilizamos un bucle **for** con la variable x definida como local de dicho bucle como en el siguiente ejemplo, la variable x no será reconocida fuera del bucle y, por tanto, se producirá un error en la compilación del programa.

```
void setup()
{
   pinMode(13, OUTPUT);
}

void loop()
{
   for(int x=1; x < 10; x++)
   {
      digitalWrite(13, HIGH);
      delay(100);
      digitalWrite(13, LOW);
      delay(100);
   }
   x++
}
```

Aquí daría un error:
'x' was not declared in this scope

El error se debe a que se referencia la variable local **x** del bucle **for**, fuera de dicho bucle y, por tanto, es desconocida en esa parte del programa.

Cuando, durante la ejecución, en un punto cualquiera del programa coinciden una variable local y una variable global declaradas con el mismo nombre, el **programa considera siempre la variable local.**

En cualquier caso, para evitar errores y no dificultar la legibilidad del programa, es muy re-comendable no declarar variables locales y globales con el mismo nombre.

TEMA 4

- LA CONSOLA SERIE
- PUERTOS ANALÓGICOS
- POTENCIÓMETROS

TEMA 4

LA CONSOLA SERIE

La **consola serie** es una herramienta que facilita el IDE de Arduino y que permite tanto te-clear y enviar datos desde el PC a la placa Arduino, como recibir y visualizar la información que envía Arduino al PC.

> Cómo abrir la Consola Serie

Para acceder a la consola bastará con hacer click con la tecla izquier-da del ratón en el icono de la lupa situado en la parte superior derecha del IDE de Arduino.

Cuando el programa empiece a eje-cutarse según lo hayamos progra-mado, comenzará a enviar datos que serán visualizados en la consola.

Cuando se necesita ajustar la pro-gramación de un automatismo y es necesario visualizar las lecturas de los sensores, la consola resulta de gran utilidad, facilitando mucho esta tarea.

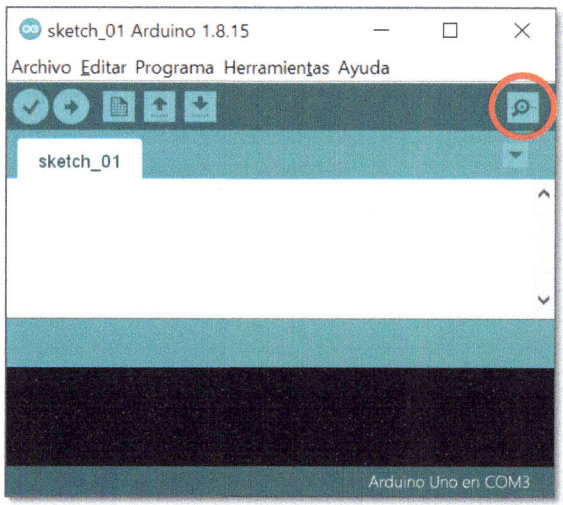

Imagen de ARDUINO® IDE

Esta es la ventana de la consola del IDE de Arduino.

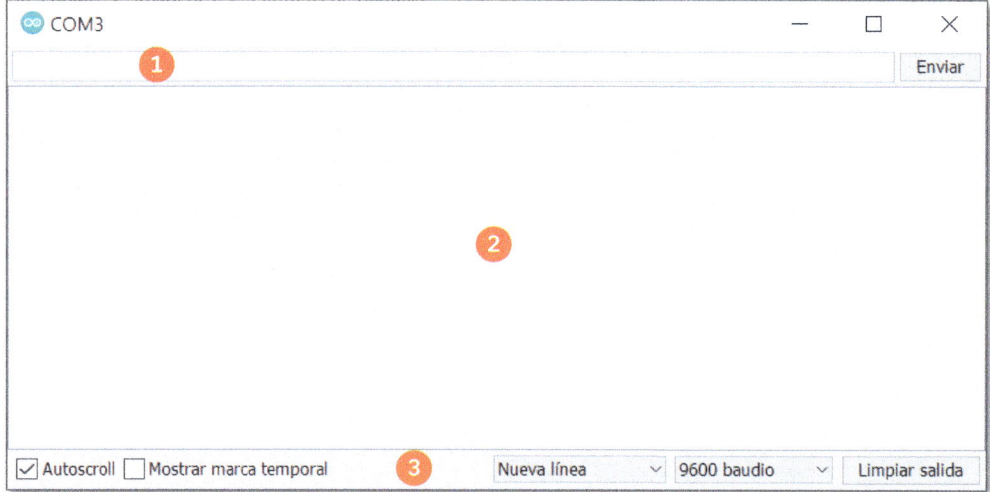

En el recuadro de la parte superior **(1)** se introducen los datos que se quieren enviar desde el PC al Arduino y en el cuadro grande **(2)** aparecen los datos que Arduino envía al PC.

En la parte inferior de la ventana **(3)** de la consola existen una serie de opciones de ajuste.

Veamos un ejemplo de su funcionamiento para ir aclarando conceptos.

PRÁCTICA NÚMERO 9

Vamos a escribir un programa ejemplo para comprender cómo funciona la consola serie de Arduino.

¿Qué va a hacer el programa?

1/ Mandará un texto y no saltará de línea.

2/ Mandará un segundo texto que se escribirá a continuación del anterior y saltará de línea.

3/ Finalmente esperará cinco segundos y comenzará de nuevo.

Necesitamos:

■ **Arduino Uno** **1**

```
void setup()
{
    Serial.begin(9600);              // Abre la consola
}
void loop()
{
    Serial.print("Escribe una frase y no salta de línea. ");
                                     // Escribe texto y no salta de línea
    Serial.println("Escribe otra frase y salta de línea");
                                     // Escribe texto y salta de línea
    delay(5000);                     // Pausa de 5 segundos
}
```

Serial.begin(9600);

Esta instrucción abre el puerto de comunicaciones de la placa Arduino y fija una velocidad de envío y recepción de datos de 9600 baudios (un baudio es un bit por segundo).

Esta velocidad tiene que coincidir con la que se especifica en la ventada situada en la parte inferior de la consola.

Si no coinciden estas velocidades serial.begin(9600); la comunicación no se puede producir ya que ambas máquinas (PC y Arduino) no conseguirán "sincronizarse".

Se han configurado las comunicaciones a 9600 baudios por ser una velocidad suficiente para nuestras necesidades y que admite cualquier máquina. Se pueden configurar velocidades más altas, pero esto podría dar problemas con algunos equipos más antiguos.

PRÁCTICA NÚMERO 10

Vamos a escribir un programa que realiza una cuenta atrás de un minuto mandando mensajes a consola cada 10 segundos.

Después espera 30 segundos y vuelve a empezar.

Necesitamos:

■ **Arduino Uno** **1**

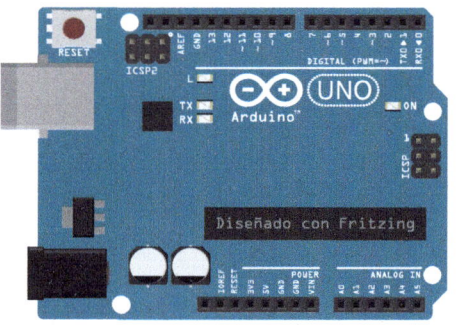

```
void setup()
{
   Serial.begin(9600);                  // Abre la consola
}
void loop()
{
   Serial.println("Se inicia la Cuenta Atrás"); // Escribe texto y salta de línea

   for (int x = 60 ; x >= 0 ; x = x - 10)   // Bucle for de cuenta atrás de 60 a 0
   {
      Serial.print("Quedan ");          // Escribe texto y no salta de línea
      Serial.print(x);                  // Escribe el valor de la variable x
      Serial.println(" segundos");      // Escribe texto y salta de línea
```

```
    delay(10000);                    // Pausa de 10 segundos
}
Serial.println("La Cuenta Atrás ha terminado");
                                     // Escribe texto y salta de línea
Serial.println();                    // Salta dejando una línea en blanco
delay(30000);                        // Pausa de 30 segundos y vuelve
}                                    // a empezar
```

La ejecución de este programa dará la siguiente salida de datos a la consola. Los mensajes seguirían repitiéndose hasta detener dicha ejecución desconectando Arduino.

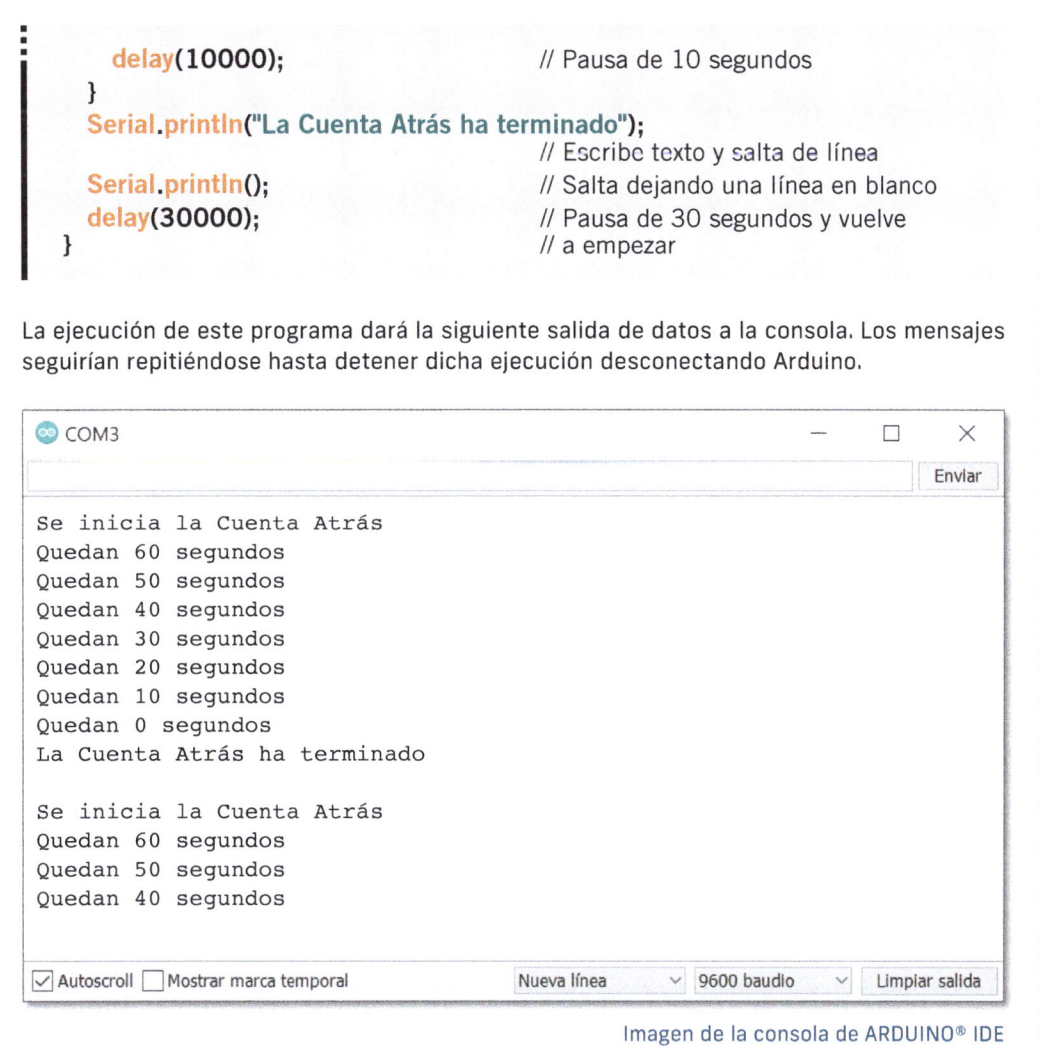

Imagen de la consola de ARDUINO® IDE

PUERTOS ANALÓGICOS

Cuando vimos el funcionamiento de los puertos digitales de entrada/salida, vimos que solo podían leer o escribir dos valores, **HIGH** y **LOW** o lo que es lo mismo 1 y 0 que traducido a señales eléctricas son 5 voltios y 0 voltios.

Sin embargo, cuando hablamos de señales analógicas hay que considerar todos los valores posibles que puede tomar esa señal y que estarían comprendidos entre el valor máximo (5 voltios) y el valor mínimo (0 voltios).

Su representación gráfica sería la siguiente:

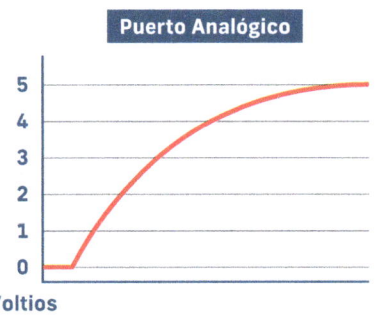

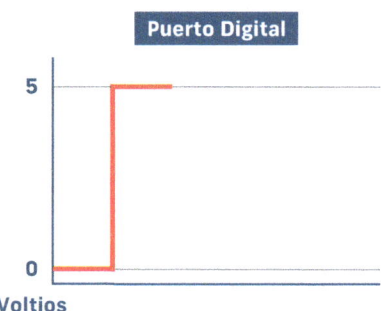

> ¿Cómo se leen los puertos analógicos?

Ya conocemos la instrucción de lectura de los puertos digitales **digitalRead(Puerto);**

La instrucción para leer un puerto analógico es muy similar:

analogRead(Puerto);

Puerto .... Es el puerto analógico donde vamos a leer y será uno de los que vienen marcados como A0, A1, A2, A3, A4 y A5.

Pese a ser un puerto analógico no obtendremos infinitos valores continuos entre 0 y 5 voltios, sino 1024 valores discretos en un rango entre 0 y 1023. Estos valores serán proporcionales a la tensión leída en el puerto.

> **IMPORTANTE:** Los puertos analógicos son siempre de entrada, por este motivo no es necesario declararlos con **pinMode**

Vamos a utilizar un potenciómetro como sensor, para experimentar con la lectura de valores en un puerto analógico.

POTENCIÓMETROS

> ¿Qué es un potenciómetro?

Un **potenciómetro** es una resistencia variable. A medida que se hace girar (o deslizar) el cursor, aumenta la resistencia entre este y uno de los terminales y disminuye respecto del otro. Puede ser circular (los más habituales) o lineal. Puede estar hecho de carbón o de hilo bobinado y su variación de resistencia puede ser lineal o logarítmica. Para las prácticas que vamos 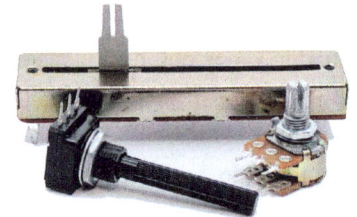 a realizar con Arduino utilizaremos potenciómetros de carbón circulares de 10 KΩ lineales.

> ¿Cómo se conecta un potenciómetro?

En el Arduino, los potenciómetros se montan conectando sus extremos a los pines de alimentación GND y 5 Vcc y el cursor al puerto analógico correspondiente.

Según se conecten los pines de alimentación los valores leídos aumentarán o disminuirán al girarse en un sentido o en el contrario, como se puede apreciar en la siguiente imagen.

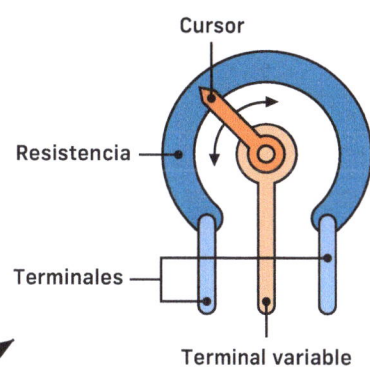

PRÁCTICA NÚMERO 11

Vamos a escribir un programa que muestra en consola cada segundo los valores de 0 a 1023 leídos en el pin analógico A0 en función de la posición del cursor del potenciómetro. Para ello utilizaremos el siguiente material:

- **Arduino Uno** **1**
- **Protoboard** **1**
- **Potenciómetro de 10 KΩ lineal** ... **1**

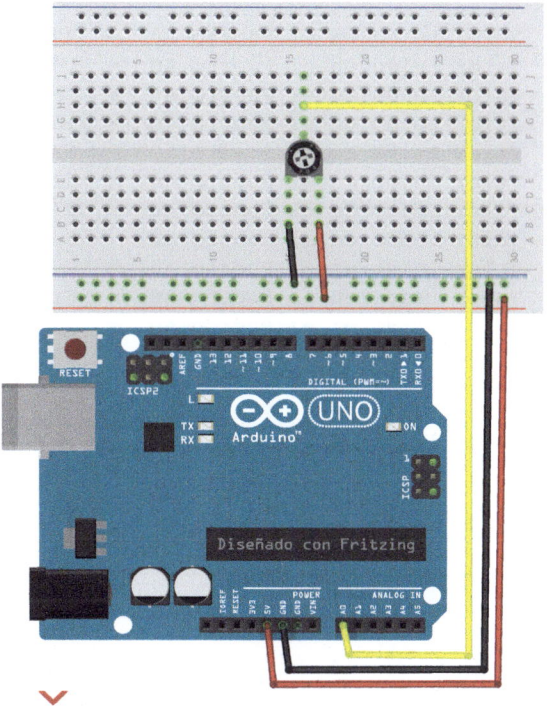

```
void setup()
{
  Serial.begin(9600);                    // Abre la comunicación con la consola
}

void loop()
{
  Serial.print("Valor Leído en el Puerto A0  =   ");
                                         // Escribe texto y no salta de línea
  Serial.println(analogRead(A0));        // Escribe el valor leído y salta de línea
  delay(1000);                           // Pausa de un segundo
}
```

La instrucción Serial.println(analogRead(A0)); muestra directamente en la consola el valor leído en el puerto A0. También se puede utilizar una variable para leer el puerto y luego visualizar esa variable, pero en este caso, no es necesario.

La ejecución de este programa tendrá como resultado la visualización en la consola de mensajes que irán repitiéndose cada segundo y con un valor que variará con el giro del potenciómetro.

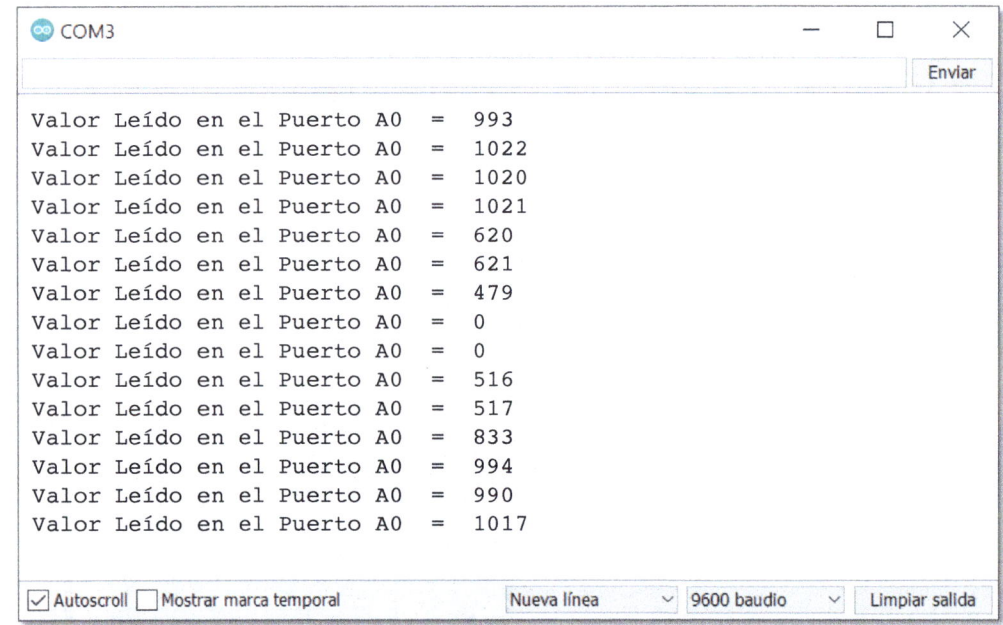

Imagen de la consola de ARDUINO® IDE

Para terminar este tema vamos a realizar una práctica que combina la lectura de puertos analógicos y la escritura de puertos digitales.

PRÁCTICA NÚMERO 12

Realizar un montaje con tres leds (rojo, amarillo y verde) y un potenciómetro. Si el valor leído en el puerto del potenciómetro es mayor de 400 encender el led rojo, si supera 650 encender además el amarillo y si supera 900 encender los tres.

Este proceso se realizará una vez por segundo.

Se enviará la lectura del sensor a la consola.

Para ello utilizaremos el siguiente material:

- **Arduino Uno** 1
- **Protoboard** 1
- **Potenciómetro de 10 KΩ lineal** 1
- **Resistencias de 220 Ω (rojo, rojo, marrón)** 3
- **Led rojo (1), amarillo (1) y verde (1)** 3

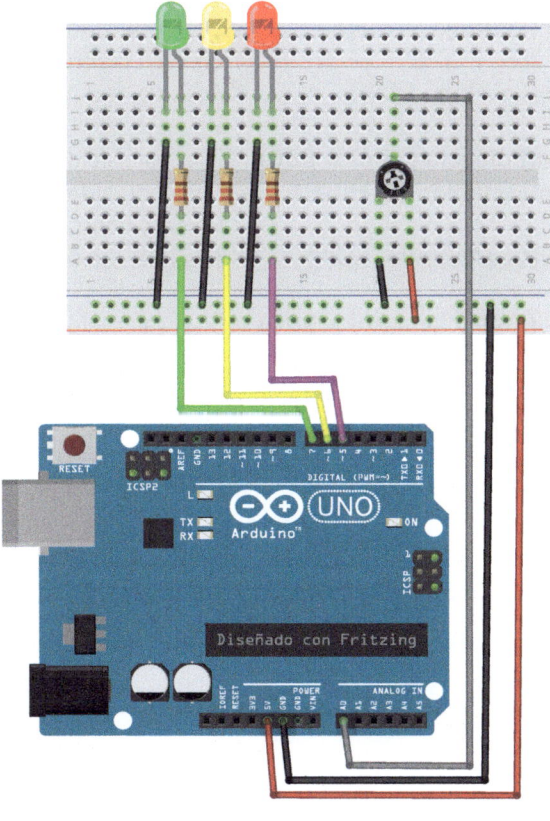

```
const int LedRojo = 5;                  // Constante del puerto del led rojo
const int LedAmarillo = 6;              // Constante del puerto del led amarillo
const int LedVerde = 7;                 // Constante del puerto del led verde
const char Potenciometro = A0;          // Constante del puerto del potenciómetro

void setup()
{
  Serial.begin(9600);                   // Abre la comunicación con la consola
  pinMode(LedRojo, OUTPUT);             // Asigna el puerto del led rojo de salida
  pinMode(LedAmarillo, OUTPUT);         // Asigna el puerto del amarillo de salida
  pinMode(LedVerde, OUTPUT);            // Asigna el puerto del led verde de salida
}

void loop()
{
  Serial.print("La lectura del potenciómetro es ");
                                        // Muestra el texto en la consola
  Serial.println(analogRead(A0));       // Escribe el valor leído y salta de línea
  if(analogRead(Potenciometro) > 400)   // Si el valor leído es mayor de 400
    digitalWrite(LedRojo, HIGH);        // Enciende el led rojo
  else                                  // En caso contrario
    digitalWrite(LedRojo, LOW);         // Apaga el led rojo

  if(analogRead(Potenciometro) > 650)   // Si el valor leído es mayor de 650
    digitalWrite(LedAmarillo, HIGH);    // Enciende el led amarillo
  else                                  // En caso contrario
    digitalWrite(LedAmarillo, LOW);     // Apaga el led amarillo

  if(analogRead(Potenciometro) > 900)   // Si el valor leído es mayor de 900
    digitalWrite(LedVerde, HIGH);       // Enciende el led verde
  else                                  // En caso contrario
    digitalWrite(LedVerde, LOW);        // Apaga el led verde

  delay(1000);                          // Espera un segundo
}
```

TEMA 5

- LA ESCRITURA ANALÓGICA

- LEDs RGB

- RELACIÓN ENTRE ENTRADAS Y SALIDAS ANALÓGICAS

TEMA 5

LA ESCRITURA ANALÓGICA

Como explicábamos en el gráfico de la página 68, una señal analógica es aquella que puede tomar cualquier valor comprendido entre su máximo y su mínimo, mientras que una señal digital solo puede tomar el valor máximo o el valor mínimo.

En Arduino el valor máximo es un 1 lógico o HIGH y corresponde a una tensión en el puerto correspondiente de 5 voltios y el valor mínimo es un 0 lógico o LOW y corresponde a un valor en el puerto de 0 voltios.

Estos valores los asignábamos con las instrucciones:

```
digitalWrite(Numero_de_Puerto, HIGH);
digitalWrite(Numero_de_Puerto, LOW);
```

Sin embargo, para algunos proyectos puede ser necesario aplicar valores de salida intermedios, por ejemplo, para variar el brillo de un led o una lámpara.

Para resolver esta necesidad tenemos las *"salidas pseudoanalógicas"* o PWM *(Modulación por ancho de pulso)*, que son las que están marcadas con el carácter " ~ " (virgulilla) y que en la placa Arduino UNO son 6 (ver imagen en la página 23).

Decimos que son *"salidas pseudoanalógicas"* porque si fueran analógicas puras podríamos asignar infinitos valores comprendidos entre 0 y 5 voltios, pero en realidad solo podemos asignar 256 valores discretos escribiendo un número entre 0 y 255, que tendrán como resultado salidas de tensión comprendidas entre los 0 y los 5 voltios.

La escritura analógica se programa utilizando la instrucción:

```
analogWrite(Numero_de_Puerto, Valor);
```

Número_de_Puerto..... Será (en Arduino UNO) 3, 5, 6, 9, 10, u 11.
Valor .... Deberá estar comprendido entre 0 y 255.

PRÁCTICA NÚMERO 13

Veamos un ejemplo para entender mejor la escritura analógica.

¿Qué va a hacer el programa?

1/ Encenderá un led a máximo brillo.
2/ Esperará dos segundos.

3/ Encenderá un led al 25 % de brillo.

4/ Esperará dos segundos y volverá a empezar.

Para ello utilizaremos el siguiente material:

- **Arduino Uno** 1
- **Protoboard** 1
- **Resistencia de 220 Ω**
  (rojo, rojo, marrón) 1
- **Led rojo** 1

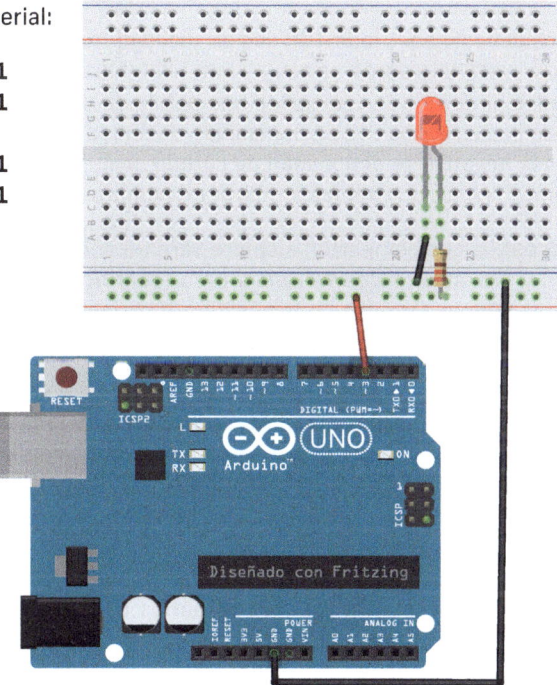

```
const int LedRojo = 3;              // Asigna el led rojo al puerto 3

void setup()
{
   pinMode(LedRojo, OUTPUT);        // Define el puerto del led rojo de salida
}

void loop()
{
   analogWrite(LedRojo, 255);       // Asigna el valor máximo al puerto
   delay(2000);                     // Espera 2 segundos
   analogWrite(LedRojo, 63);        // Asigna el 25 % al puerto
   delay(2000);                     // Espera 2 segundos
}
```

Si asignamos valores muy bajos al puerto analógico quizás el led no se ilumine ni siquiera de manera tenue. Ello es debido a que los leds no tienen una respuesta lineal y por debajo de una tensión mínima o "umbral", que puede ser diferente según el color del led, no se encienden.

LEDs RGB

> ¿Qué es un led RGB?

Los denominados **leds RGB** son en realidad tres leds, uno rojo (red), uno verde (green), y uno azul (blue) encapsulados juntos y que comparten una patilla de conexión. Si comparten la positiva se denominan de ánodo común y si es la negativa se denominan de cátodo común. Estos últimos son los que vamos a utilizar en nuestras prácticas.

La patilla que comparten siempre será un poco más larga y nos servirá de referencia para identificar la otras tres, aunque también podemos identificarlas por la parte aplanada del encapsulado como se muestra en la imagen.

La conexión suele ser como se indica, si bien podemos encontrar componentes que tengan un conexionado diferente.

> ¿Qué utilidad tiene un led RGB?

Partiendo de los tres colores primarios de la luz, rojo, verde y azul y variando la cantidad de cada uno de ellos se pueden obtener millones de colores diferentes.

Las pantallas de ordenador, de televisión, etc., están formadas por pequeños puntos llamados píxeles. Si examinamos un píxel, veremos que está formado a su vez por tres subpíxeles, uno rojo, uno verde y uno azul y este es el motivo por el que estas pantallas nos ofrecen una variedad de millones de colores.

Con el uso de leds RGB tendremos la posibilidad de iluminar un led en el color que queramos. No obstante, hay que tener en cuenta que las posibilidades de color de un led RGB básico, como el empleado en nuestras prácticas, son muy limitadas y no son comparables al píxel de una pantalla de televisión o de un monitor de ordenador.

> ¿Cómo se conecta un Led RGB?

Como ya hemos dicho, un led RGB son en realidad tres leds encapsulados juntos y que comparten una patilla de conexión. Por tanto, los tendremos que conectar como conectaríamos tres leds independientes, con una resistencia en cada uno de ellos.

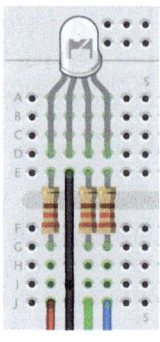

Si se colocase una única resistencia en el cátodo común en vez de tres resistencias, una en cada ánodo, se podría provocar una caída de tensión en la placa Arduino.

PRÁCTICA NÚMERO 14

Vamos a hacer pruebas con un led RGB.

¿Qué va a hacer el programa?

Cambiaremos sucesivamente los valores de R, G y B y ejecutaremos el programa para ver cómo cambian los colores.

Utilizaremos el siguiente material:

- **Arduino Uno** 1
- **Protoboard** 1
- **Resistencias de 220** Ω
  (rojo, rojo, marrón) 3
- **Led RGB** 1

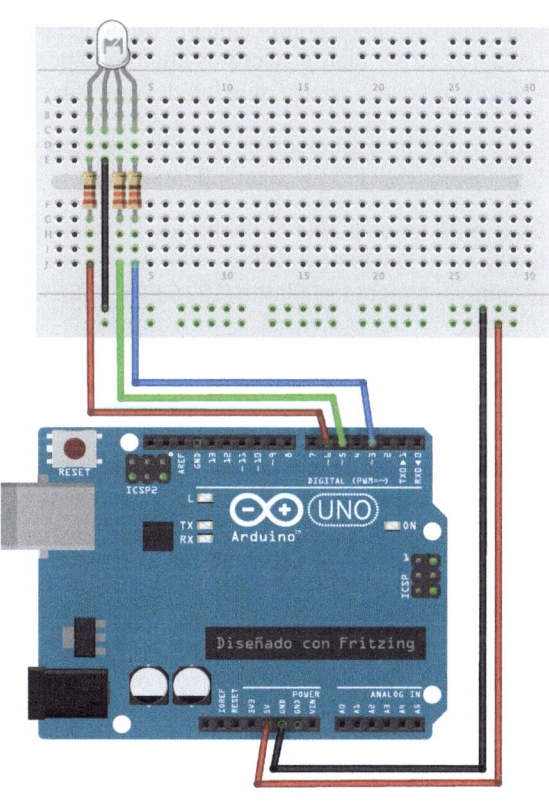

```
const int LedAzul = 3;          // Asigna el azul del RGB al puerto 3
const int LedVerde = 5;         // Asigna el verde del RGB al puerto 5
const int LedRojo = 6;          // Asigna el rojo del RGB al puerto 6
void setup()
{
  pinMode(LedAzul, OUTPUT);     // Define el puerto del led azul de salida
  pinMode(LedVerde, OUTPUT);    // Define el puerto del led verde de salida
  pinMode(LedRojo, OUTPUT);     // Define el puerto del led rojo de salida
}
void loop()
{
  analogWrite(LedAzul, 255);    // Asigna el máximo de luz azul
  analogWrite(LedVerde, 255);   // Asigna el máximo de luz verde
  analogWrite(LedRojo, 255);    // Asigna el máximo de luz roja
}
```

RELACIÓN ENTRE ENTRADAS Y SALIDAS ANALÓGICAS

Cuando estudiamos el funcionamiento de los puertos de entrada analógicos vimos que obteníamos 1024 valores discretos comprendidos entre el 0 y el 1023 en función de la tensión aplicada en dicho puerto, que iba desde 0 hasta 5 voltios.

Por otra parte, acabamos de ver que los valores que podemos asignar a los puertos PWM (salidas analógicas) van desde 0 hasta 255.

De lo anterior se puede deducir que, si dividimos entre 4 el valor leído en una entrada analógica y escribimos ese valor en un puerto de salida PWM, ambos puertos tendrán valores proporcionalmente similares (1024 : 4 = 256).

PRÁCTICA NÚMERO 15

Realicemos un proyecto donde vamos a combinar y poner en práctica muchos de los conceptos aprendidos hasta ahora.

Vamos a utilizar:

- Lectura de potenciómetros en puertos de entrada analógica.
- Escritura en puertos de salida PWM.
- Comunicaciones con la consola del ordenador.
- Led RGB.

¿Qué va a hacer el programa?

1/ Cada segundo y medio el programa leerá el valor de tres potenciómetros en tres puertos analógicos que se corresponderán a los valores a asignar colores RGB.

2/ A continuación, mostrará esos valores en la consola del ordenador y asignará dichos valores a los tres colores del led RGB.

Material necesario:

- **Arduino Uno** 1
- **Protoboard** 1
- **Led RGB** 1
- **Resistencias de 220 Ω (rojo, rojo, marrón)** 3
- **Potenciómetros** 3

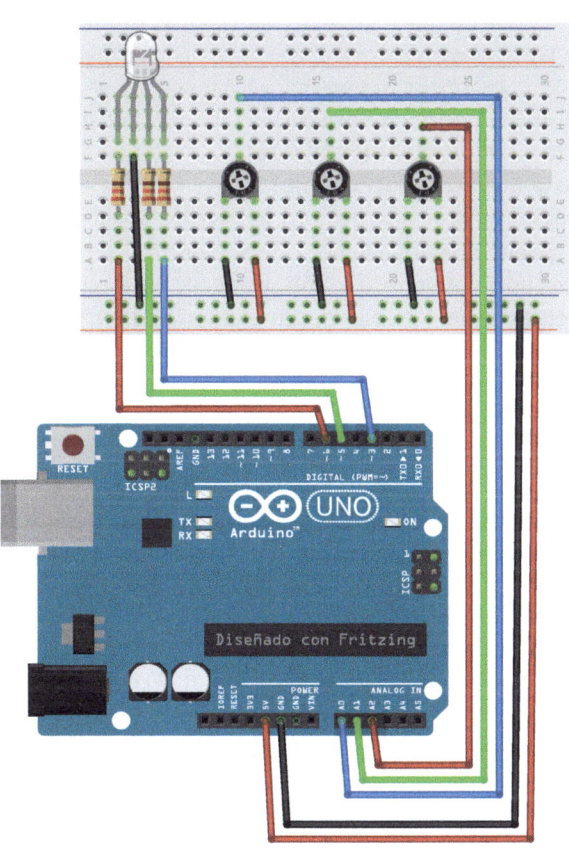

```
const int LedAzul = 3;          // Asigna el led azul al puerto 3
const int LedVerde = 5;         // Asigna el led verde al puerto 5
const int LedRojo = 6;          // Asigna el led rojo al puerto 6
const int PotAzul = A0;         // Asigna el pot. del led azul al puerto A0
const int PotVerde = A1;        // Asigna el pot. del led verde al puerto A1
const int PotRojo = A2;         // Asigna el pot. del led rojo al puerto A2
int ValorPotAzul = 0;           // Declara la variable para leer el valor de Azul
int ValorPotVerde = 0;          // Declara la variable para leer el valor de Verde
int ValorPotRojo = 0;           // Declara la variable para leer el valor de Rojo

void setup()
{
  Serial.begin(9600);           // Abre la comunicación con la consola serie
  pinMode(LedAzul, OUTPUT);     // Define el puerto del led azul de salida
  pinMode(LedVerde, OUTPUT);    // Define el puerto del led verde de salida
  pinMode(LedRojo, OUTPUT);     // Define el puerto del led rojo de salida
}
```

```
void loop()
{
  ValorPotAzul = analogRead(PotAzul);        // Lee el pot. del color azul
  ValorPotVerde = analogRead(PotVerde);      // Lee el pot. del color verde
  ValorPotRojo = analogRead(PotRojo);        // Lee el pot. del color rojo
```

/* Como en los potenciómetros leemos un valor entre 0 y 1023 y en el puerto analógico escribimos un valor entre 0 y 255, es decir, unas cuatro veces menor del
leído, lo dividiremos entre 4 al escribir en el puerto del color correspondiente*/

```
  analogWrite(LedAzul, ValorPotAzul/4);      // Asigna el valor al led azul
  analogWrite(LedVerde, ValorPotVerde/4);    // Asigna el valor al led verde
  analogWrite(LedRojo, ValorPotRojo/4);      // Asigna el valor al led rojo

  Serial.print("Valor del color Azul = ");   // Visualiza texto led azul
  Serial.println(ValorPotAzul/4);            // Visualiza valor led azul
  Serial.print("Valor del color Verde = ");  // Visualiza texto led verde
  Serial.println(ValorPotVerde/4);           // Visualiza valor led verde
  Serial.print("Valor del color Rojo = ");   // Visualiza texto led rojo
  Serial.println(ValorPotRojo/4);            // Visualiza valor led rojo

  Serial.println("--------------------------------");   // Traza línea de separación
  delay(1500);                               // Espera segundo y medio
                                             // antes de volver a leer
}
```

TEMA 6

- LAS FUNCIONES EN ARDUINO

- VELOCIDAD DEL SONIDO EN EL AIRE Y ECO LOCALIZACIÓN

- SENSORES DE ULTRASONIDOS

- MEDICIÓN DE DISTANCIAS POR ULTRASONIDOS

TEMA 6

LAS FUNCIONES EN ARDUINO

> ¿Qué es una función en un programa?

Podemos decir que una **función** es una parte del programa que, generalmente, realiza una tarea concreta, en este caso calcular un valor.

La función puede aislarse del resto del programa ya que realiza su tarea de manera aislada e independiente del resto del código, puede ser llamada desde distintos puntos del programa principal y reutilizada en otros programas.

Los lenguajes de programación como Arduino cuentan con numerosas funciones que nos permiten escribir con comodidad nuestros programas.

Existen diferentes tipos de funciones de entrada/salida, matemáticas, trigonométricas, de manejo de cadenas de caracteres o strings, etc. No obstante, también tenemos la posibilidad de crear nuestras propias funciones para realizar tareas que no están contempladas en el propio lenguaje de programación.

Por lo general, en una función podemos identificar tres elementos esenciales:

- **Parámetros de entrada.** Son los valores o datos de entrada que recibe la función y que va a utilizar para calcular el resultado.

  Por ejemplo, en una función que calcula el área de un rectángulo serían las medidas de sus dos lados, a y b.

- **El código de la función.** Son las líneas de programa donde se codifican las instrucciones que calculan el valor que se devolverá como resultado de la función.

  En el ejemplo anterior sería algo así: Área = a * b.

- **El resultado.** Es el valor que devuelve la función después de procesar los datos de entrada.

  En nuestro ejemplo sería RESULTADO = Área.

PRÁCTICA NÚMERO 16

Veamos un programa que llama a la función **"area"** que realiza el cálculo del área de un rectángulo a partir de la medida de sus lados y lo muestra en la consola, espera 10 segundos y repite el proceso.

Material necesario:

- **Arduino Uno** **1**

```
long Resultado = 0;          // Define la variable Resultado
long Lado1 = 3;              // Define la variable con el valor del
                             // Lado 1 (poner su valor)
long Lado2 = 5;              // Define la variable con el valor del
                             // Lado 2 (poner su valor)

void setup()
{
  Serial.begin(9600);        // Abre la comunicación con la consola serie
}

void loop()
{
  Resultado = area (Lado1, Lado2);  // Llama a la función área y asigna el
                                    // resultado a la variable Resultado
  Serial.print("El área de un rectángulo de lados ");
                             // Visualiza texto, no salta de línea
  Serial.print(Lado1);       // Valor del Lado 1
  Serial.print(" y ");       // Visualiza texto, no salta de línea
  Serial.print(Lado2);       // Valor del Lado 2
  Serial.print(" unidades es de ");  // Visualiza texto, no salta de línea
  Serial.print(Resultado);   // Valor del Resultado
  Serial.println(" unidades cuadradas");  // Visualiza texto y salta de línea

  delay(10000);              // Pausa de 10 segundos antes de repetir
}


long area(long a, long b)    // Función área y parámetros de entrada
{
  return a*b ;               // Cálculo de área a partir de los parámetros
}
```

El resultado de la ejecución de este programa en la consola de Arduino IDE es la siguiente:

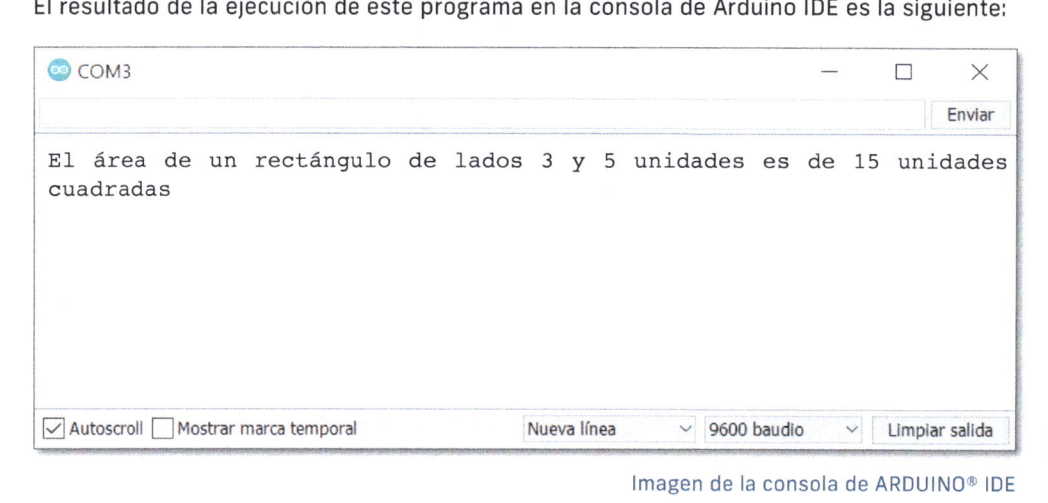

El área de un rectángulo de lados 3 y 5 unidades es de 15 unidades cuadradas

Imagen de la consola de ARDUINO® IDE

VELOCIDAD DEL SONIDO EN EL AIRE Y ECO LOCALIZACIÓN

La **eco localización** consiste en producir ondas sonoras que, al reflejarse en las superficies de los diferentes objetos, producen ecos que permiten localizarlos y ubicarse en el entorno.

Además, la intensidad de estos ecos permite calcular a qué distancia se encuentran.

Este fenómeno es utilizado por animales como los murciélagos para volar en zonas de completa oscuridad o por los delfines para localizar a sus presas o identificar obstáculos.

Los invidentes utilizan un bastón que al golpearlo produce un sonido que les ayuda a situarse y los submarinos se valen del "sonar" para navegar por las profundidades del mar sin ver el entorno.

El sonido no se transmite a igual velocidad en todos los medios.

Para el tema que nos interesa vamos a centrarnos en la velocidad del sonido en el aire que, a 20º de temperatura y a una presión equivalente a la que hay a nivel del mar, es de 340 metros por segundo.

Aunque estas son las condiciones de la medida precisa podemos ignorar el error que se produce en otras zonas y a otras temperaturas ya que su magnitud es mínima.

SENSORES DE ULTRASONIDOS

Los sonidos que puede captar nuestro oído se pueden clasificar según su frecuencia y de una manera un poco general en graves, medios y agudos.

Un sonido grave o muy grave se corresponde con frecuencias entre 40 y 250 Hz aproximadamente. Un ejemplo sería el producido por un bajo eléctrico o por un tambor de gran tamaño.

Los sonidos medios son aquellos cuyas frecuencias están entre los 250 y los 2.000 Hz, como las voces humanas, un saxofón, un piano, etc.

Finalmente, están los sonidos agudos que están en unas frecuencias entre 2.000 y 20.000 Hz. Un ejemplo serían los platos de la batería o las notas agudas de un violín.

Pero por encima de esos 20.000 Hz sigue habiendo sonidos que el oído humano no es capaz de escuchar, aunque, como ya hemos visto antes, algunos animales sí los detectan. Estos sonidos reciben el nombre de **ultrasonidos** porque están por encima del espectro audible.

Los sensores de ultrasonidos son dispositivos capaces de producir y escuchar esas frecuencias inaudibles, que además tienen la propiedad de ser muy direccionales lo que les hace muy adecuados para poder detectar obstáculos o medir distancias.

Recordemos que, para ambas tareas, bastará con lanzar unas ondas de ultrasonido y esperar a recibir el eco que se produce cuando estas ondas chocan con algún objeto, midiendo el tiempo que este eco tarda en llegar, dividiendo entre 2 ese tiempo por ser ida y vuelta.

Para estas prácticas usaremos el sensor HC-SR04 que es ampliamente utilizado y muy sencillo de manejar. Tiene 4 patillas que se conectan a la placa de Arduino de la siguiente manera:

- **Vcc**........ Positivo de alimentación. Se conecta a la salida de 5 Vcc.
- **Trig** .... Gatillo de disparo de señal. Se conecta a un puerto de salida.
- **Echo** ...... Recepción del eco de señal. Se conecta a un puerto de entrada.
- **GND** ...... Negativo de alimentación. Se conecta al GND de Arduino.

PRÁCTICA NÚMERO 17

Vamos a hacer un montaje para medir los microsegundos que tarda en llegar el eco después de lanzar un pulso de ultrasonidos. Necesitaremos:

- **Arduino Uno** 1
- **Protoboard** 1
- **Sensor de ultrasonidos HC-SR04** 1

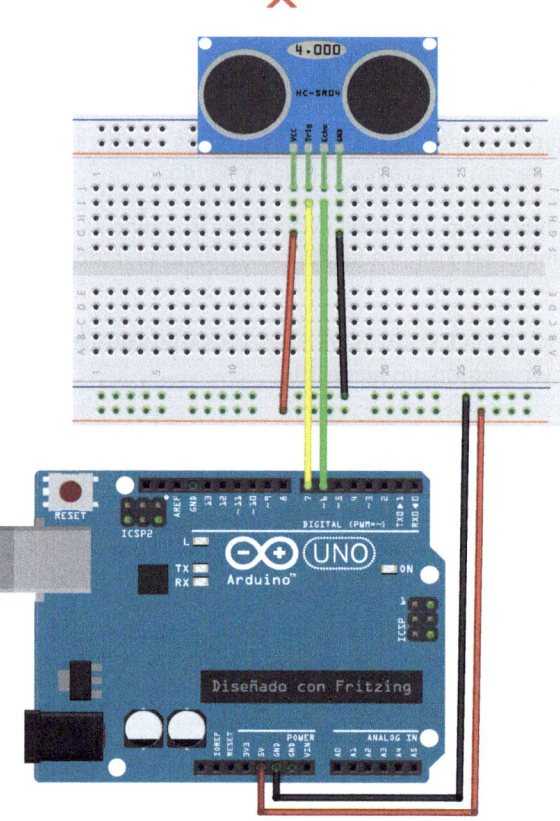

```
long TiempodelEco;        // Variable para medir el tiempo que tarda en
                          // recibir el Eco

void setup()
{
  Serial.begin(9600);     // Abre la comunicación con la consola
  pinMode(7, OUTPUT);     // Asigna la salida del disparo Trig en el pin 7
  pinMode(6, INPUT);      // Asigna la lectura del eco del pulso al pin 6
}

void loop()
{
  digitalWrite(7, LOW);       // Cierra el gatillo antes de lanzar el pulso
  delayMicroseconds(2);       // Deja pasar 2 microseg. antes de lanzar de nuevo el pulso
  digitalWrite(7, HIGH);      // Activa el gatillo para lanzar el pulso
  delayMicroseconds(5);       // Mantiene el pulso lanzado durante 5 microsegundos
  digitalWrite(7, LOW);       // Cierra el gatillo y corta el pulso
```

```
TiempodelEco = pulseIn(6, HIGH);     // La función pulsein lee el tiempo
                                     // que tarda en recibir el eco
Serial.print("Microsegundos: ");     // Visualiza el texto "Microsegundos: "
                                     // en la consola y no salta de línea
Serial.println(TiempodelEco);        // Visualiza los microsegundos que tarda
                                     // en recibir el eco y salta de línea
delay(1000);                         // Hace una pausa de un segundo antes
                                     // de una nueva medición
}
```

NOTA: La función de lectura es `pulseIn()`; no confundir `l` (letra ele minúscula) con `I` (letra i mayúscula): `pulseIn` es `pulse in`.

`serial.println()`; en cambio, se escribe con `l` (letra ele minúscula): `println` es `print ln`.

MEDICIÓN DE DISTANCIAS POR ULTRASONIDOS

Gracias al sensor podemos conocer el tiempo en microsegundos que un ultrasonido tarda en llegar a un objeto y volver al sensor. Teniendo en cuenta esto, el ultrasonido tardará la mitad de ese tiempo en llegar al objeto (la otra mitad es el trayecto de vuelta al sensor). Lo llamaremos "tiempo al objeto". Para calcular qué distancia ha recorrido el ultrasonido, se realizará de la siguiente manera.

Sabemos que el sonido se mueve a una velocidad de 340 metros por segundo, es decir, recorre en un segundo 34.000 cm. Para saber cuánto tiempo tarda en recorrer 1 cm, podemos aplicar una sencilla regla de tres, que nos quedaría:

Centímetros	Segundos
34.000	1
1	x

Donde $x = \dfrac{1}{34.000} = 0,00002941$

Si esos segundos los ponemos en microsegundos (que es la magnitud que nos da Arduino), tendremos que multiplicarlo por 1.000.000, con lo que nos quedará **29,41 cm** recorridos en un microsegundo. Al dividir ese valor "tiempo al objeto" entre 29,41, tendremos la distancia en cm que ha recorrido el eco en ir hasta el objeto y regresar al sensor.

Por tanto, para conocer la distancia del sensor al objeto, deberíamos dividir ese cociente (tiempo al objeto entre 29,41) entre 2, que es lo mismo que dividir el tiempo al objeto entre 29,41 por 2, es decir, entre 58,82, valor que redondeamos a 59.

$$\text{Distancia} = \frac{\text{Tiempo al objeto}}{29,41} : 2 = \frac{\text{T. al objeto}}{29,41 \times 2} = \frac{\text{T. al objeto}}{58,82} \cong \frac{\text{T. al objeto}}{59}$$

Realicemos una función que convierta el tiempo que tarda el pulso de ultrasonido en ir y volver del sensor a un objeto, en la distancia que los separa en cm.

Datos a tener en cuenta:

- ■ La función se llamará **calcdist** (de calcular distancia).
- ■ El parámetro de entrada será **TiempodelEco.**
- ■ La salida devolverá la distancia en cm.
- ■ Conocemos que la velocidad de sonido en el aire es de 340 metros por segundo.
- ■ El tiempo que tarda el ultrasonido desde que sale del sensor hasta que regresa de nuevo está expresado en microsegundos.
- ■ Recordar que 1.000.000 microsegundos = 1 segundo.

PRÁCTICA NÚMERO 18

El programa del ejercicio anterior nos da el tiempo en microsegundos que tarda el ultrasonido en llegar a un objeto, rebotar en él y regresar al sensor.

Basándonos en él, escribir un programa que incorpore una función que calcule, a partir de ese tiempo, la distancia al objeto expresada en cm y la visualice en la consola. Por último, si esa distancia está entre 10 y 40 cm, el led de la placa (puerto 13) deberá parpadear. En otro caso, deberá permanecer encendido.

Necesitaremos:

- ■ **Arduino Uno** 1
- ■ **Protoboard** 1
- ■ **Sensor de ultrasonidos HC-SR04** 1

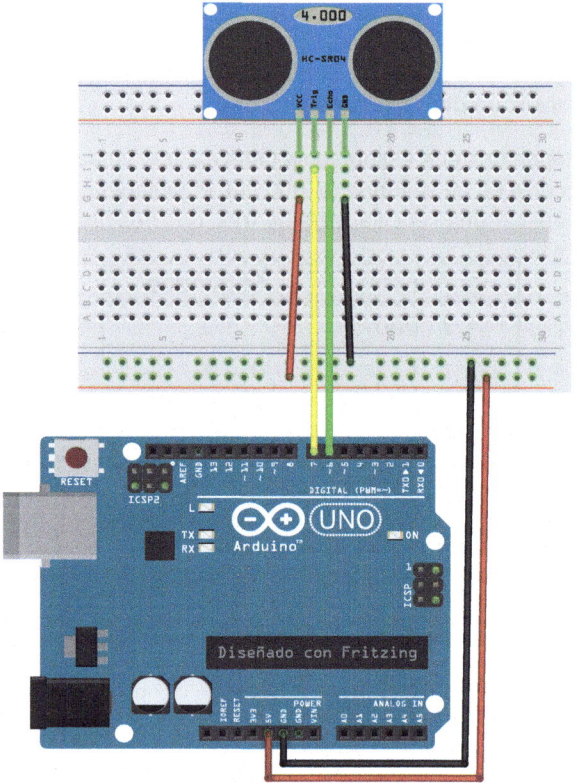

```
long TiempodelEco;              // Variable para medir el tiempo que tarda
                                // en recibir el eco
long cm;                        // Variable para leer la salida de la
                                // función "calcdist"

void setup()
{
  Serial.begin(9600);           // Abre la comunicación con la consola
  pinMode(7, OUTPUT);           // Asigna la salida del disparo Trig en el pin 7
  pinMode(6, INPUT);            // Asigna la lectura del eco del pulso al pin 6
  pinMode(13, OUTPUT);          // Asigna el puerto 13 (led de la placa) de salida
}
void loop()
{
  digitalWrite(7, LOW);         // Cierra el gatillo antes de lanzar el pulso
  delayMicroseconds(2);         // Deja pasar 2 microsegundos antes
                                // de lanzar un nuevo pulso
  digitalWrite(7, HIGH);        // Activa el gatillo para lanzar el pulso
  delayMicroseconds(5);         // Mantiene el pulso lanzado 5 microsegundos
  digitalWrite(7, LOW);         // Cierra el gatillo y corta el pulso

  TiempodelEco = pulseIn(6, HIGH); // La función pulseIn lee el tiempo en recibir el eco
  Serial.print("Microsegundos: "); // Visualiza el texto "Microsegundos: "
                                   // en la consola
  Serial.println(TiempodelEco);    // Visualiza los microsegundos en la consola
                                   // y salta de línea
  delay(500);                      // Espera medio segundo


  cm = calcdist(TiempodelEco);     // El resultado de calcdist se guarda en la
                                   // variable cm
  Serial.print("Distancia en cm: "); // Visualiza el texto "Distancia en cm: "
                                      // en la consola
  Serial.println(cm);              // Visualiza los cm en la consola y salta de línea
  delay(500);                      // Espera medio segundo

  if(cm >= 10 && cm <= 40)         // Si el objeto está a una distancia entre
                                   // 10 y 40 cm

  {
    digitalWrite(13, HIGH);        // Parpadea el led del puerto 13 de la placa
    delay(100);                    // Encendiéndolo y apagándolo cada
                                   // 100 milisegundos
    digitalWrite(13, LOW);
    delay(100);
```

```
    }

    else                        // Si el objeto no está a una distancia
                                // entre 10 y 40 cm
    digitalWrite(13, HIGH);     // El led del puerto 13 de la placa
                                // permanece encendido
}

long calcdist(long tiempoadistancia)  // Función que convierte el tiempo
                                       // en distancia
{
    return tiempoadistancia / 59;      // Cálculo de la distancia
}
```

TEMA 7

- SERVOS Y SUS CARACTERÍSTICAS
- LAS LIBRERÍAS EN ARDUINO
- SERVOS DE ÁNGULO DE GIRO LIMITADO
- LA FUNCIÓN MAP
- SERVOS DE ROTACIÓN CONTINUA

TEMA 7

SERVOS Y SUS CARACTERÍSTICAS

> ¿Qué es un servo?

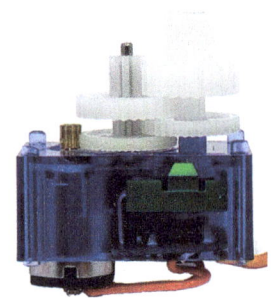

Un **servomotor** (también llamado **servo**) es un motor de corriente continua que incorpora un circuito de control, que permite situarlo en un ángulo y mantenerlo en esa posición de manera estable.

Los servos son ampliamente utilizados en numerosos dispositivos radiocontrolados, como
los drones, aviones o automóviles y muy especialmente en sistemas robotizados que re-
quieren altos niveles de precisión, como los equipos de telemedicina y los brazos robóticos
de la industria en general.

Existe una enorme variedad de servos en el mercado para atender todas las necesidades
de la industria, desde pequeños servos usados en juguetería, hasta modelos muy sofisticados que incorporan retroalimentación de los sensores, ofreciendo información diversa como
voltaje, corriente, temperatura, posición, velocidad de giro, etc.

Las cuatro características principales que debemos tener en cuenta a la hora de elegir un
servo son:

- Tensión de funcionamiento.
- Si gira en un ángulo determinado o es de rotación continua.
- Su velocidad de posicionamiento.
- La fuerza o par que ejerce.

LAS LIBRERÍAS EN ARDUINO

> ¿Qué es una librería?

Las **librerías** son un conjunto de herramientas de software, hechas comúnmente por ter-
ceros, que incorporamos a nuestro programa para facilitar tareas complejas, generalmente
de manejo de dispositivos, facilitando de esta manera el desarrollo de nuestros programas.

Además, las librerías suelen venir acompañadas de programas de ejemplo que nos ayudarán
mucho a la hora de, por ejemplo, utilizar un dispositivo nuevo como un teclado matricial o
una pantalla LCD.

> ¿Cómo incluir una librería en nuestro programa Arduino?

Seleccionando en el IDE de Arduino el menú **Programa**, submenú **Incluir Librería**, se mostra-
rán todas las librerías instaladas como muestra la imagen siguiente. Bastará con seleccionar
con un clic del botón izquierdo del ratón la librería elegida y esta se incluirá en el programa.

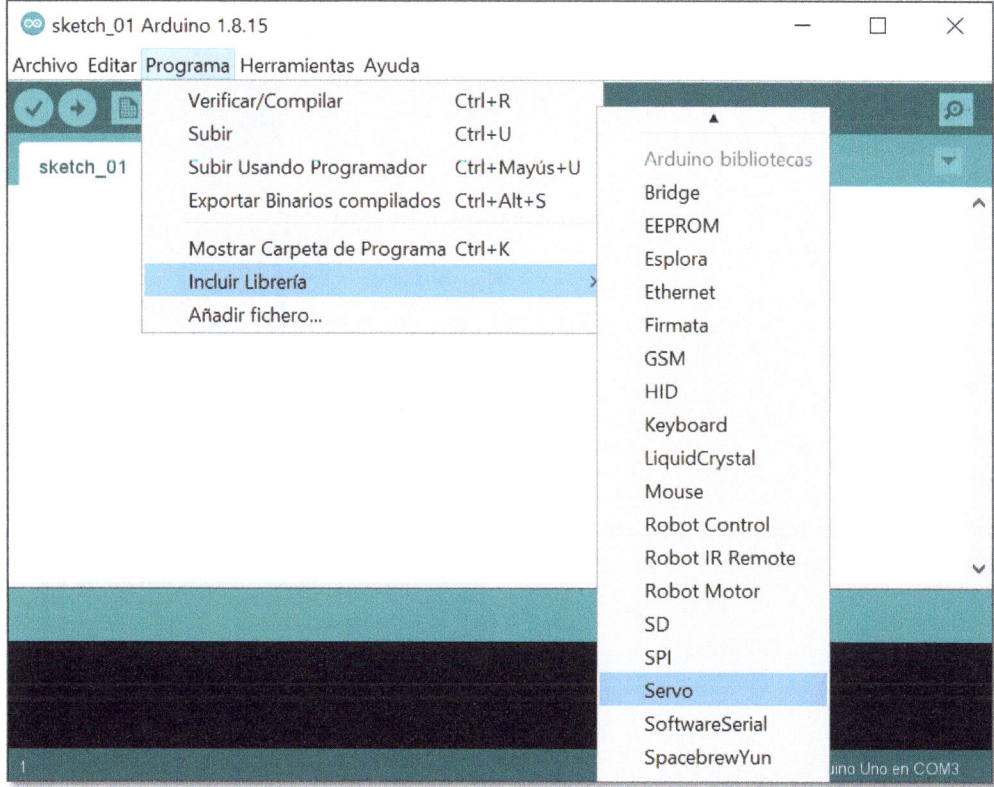

SERVOS DE ÁNGULO DE GIRO LIMITADO

Para nuestras prácticas vamos a utilizar dos tipos de servos. Los **servos con un ángulo de movimiento limitado**, también llamados servos oscilantes, y los servos de rotación continua.

Empezaremos con un servo que tiene un ángulo de giro de 180°.

Veamos cómo se maneja con un ejemplo.

PRÁCTICA NÚMERO 19

¿Qué va a hacer el programa?

1/ Va a colocar el servo a un ángulo de 20° y lo va a mantener así durante 5 segundos.

2/ A continuación, colocará el servo en un ángulo de 95° y lo mantendrá durante otros 5 segundos antes de comenzar de nuevo.

Vamos a necesitar:

- ■ **Arduino Uno** 1
- ■ **Protoboard** 1
- ■ **Servo oscilante de 180°** 1

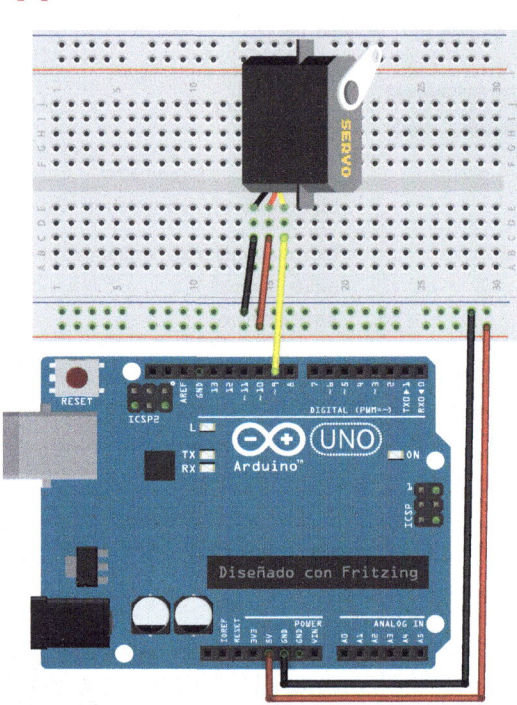

```
#include <Servo.h>        // Incluimos la librería de manejo de servos
Servo Ejemplo;            // Definimos un servo que se va a llamar Ejemplo

void setup()
{
    Ejemplo.attach(9);    // Asignamos el servo Ejemplo al puerto 9
}

void loop()
{
    Ejemplo.write(20);    // Situamos el brazo del servo Ejemplo a 20°
    delay (5000);         // Hacemos una pausa de 5 segundos
    Ejemplo.write(95);    // Situamos el brazo del servo Ejemplo a 95°
    delay (5000);         // Hacemos una pausa de 5 segundos
}
```

La velocidad de giro de este servo no se puede regular, por lo que, si queremos que realice un movimiento más lento y más suave, por ejemplo, para mover un brazo robótico o una plataforma con una pequeña carga, tendríamos que ir girándolo grado a grado, introduciendo una pequeña pausa en cada paso, en función de la velocidad de giro que deseemos que tenga. Para ello podríamos utilizar, por ejemplo, un bucle **for**.

Vamos a ver cómo se haría con el siguiente caso práctico.

PRÁCTICA NÚMERO 20

Escribir un programa para que un servo realice un movimiento lento de oscilación continua entre 44 y 134 grados.

Necesitaremos el mismo material que la práctica anterior, a saber:

- **Arduino Uno** **1**
- **Protoboard** **1**
- **Servo oscilante de 180°** **1**

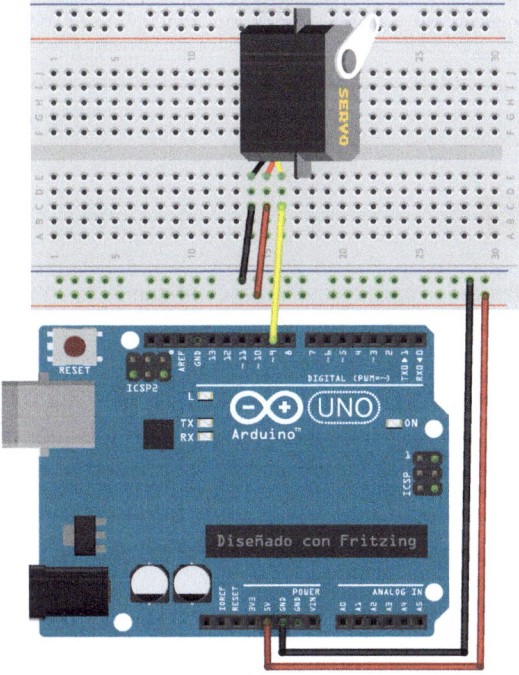

```
#include <Servo.h>          // Incluimos la librería de manejo de servos
Servo Ejemplo;              // Definimos un servo que se va a llamar Ejemplo

void setup()
{
    Ejemplo.attach(9);      // Asignamos el servo Ejemplo al puerto 9
}
```

```
void loop()
{
   for(int i=44; i <= 134; i ++)   // Bucle de giro con ángulo ascendente
   {
      Ejemplo.write(i);            // Situamos el brazo del servo Ejemplo a i grados
      delay(10);                   // Pausa de 10 milisegundos antes de incrementar i
   }

   for(int i=134; i >= 44; i --)   // Bucle de giro con ángulo descendente
   {
      Ejemplo.write(i);            // Situamos el brazo del servo Ejemplo a i grados
      delay(10);                   // Pausa de 10 milisegundos antes de
                                   // decrementar i
   }
}
```

LA FUNCIÓN MAP

La función **MAP** la utilizaremos para calcular matemáticamente un valor proporcional a unos parámetros de referencia.

Para entenderlo mejor vamos a suponer que conectamos un potenciómetro a un puerto de entrada analógico de Arduino y un servo de 180° de giro a un puerto de salida. El programa deberá situar el servo en un ángulo proporcional a la posición de ese potenciómetro en función del valor que leamos en el puerto de entrada. Para calcular ese ángulo utilizaremos la función **map**.

Los parámetros de entrada de esta función son los siguientes:

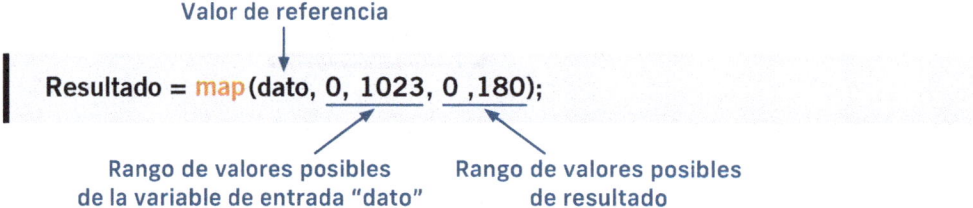

Valor de referencia

Resultado = map(dato, 0, 1023, 0 ,180);

Rango de valores posibles
de la variable de entrada "dato"

Rango de valores posibles
de resultado

En **Resultado** obtendremos el ángulo en el que tendremos que posicionar el servo y que será un valor comprendido entre **0** y **180** que es el **Rango de valores posibles de resultado**.

En **dato** indicaremos el valor leído en el puerto analógico donde está conectado el potenciómetro cuyos valores mínimo y máximo serán **0** y **1023** según vimos al estudiar las entradas analógicas y que es el especificado en **Rango de valores posibles de la variable de entrada "dato"**.

PRÁCTICA NÚMERO 21

Escribir un programa para que un servo se posicione en un ángulo proporcional a la lectura de un potenciómetro conectado a un puerto de entrada analógica y muestre el ángulo en la consola, repitiendo este proceso cada segundo.

Necesitaremos:

- **Arduino Uno** 1
- **Protoboard** 1
- **Servo oscilante de 180°** 1
- **Potenciómetro 10 k** 1

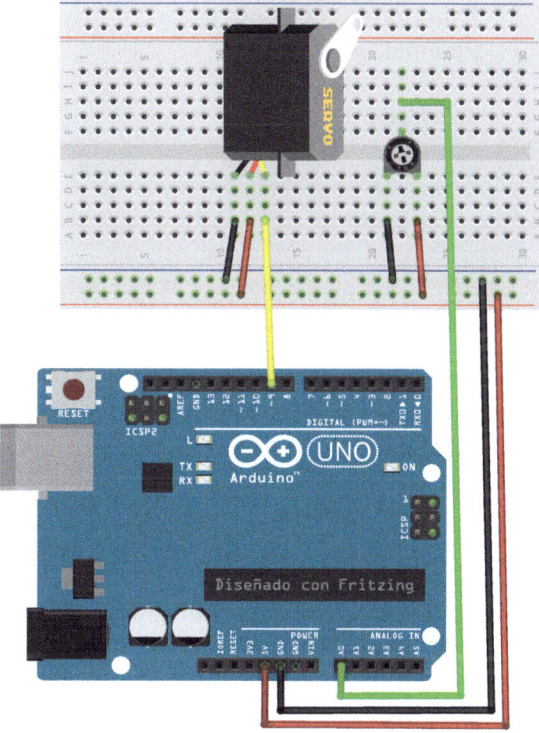

```
#include <Servo.h>        // Incluimos la librería de manejo de servos
Servo Ejemplo;            // Definimos un servo que se va a llamar Ejemplo

int const potPin = A0;    // Constante del puerto del potenciómetro
int potVal;               // Variable para leer el valor del potenciómetro
int Angle;                // Variable del ángulo de giro del brazo del servo

void setup()
{
   Serial.begin(9600);    // Abre la comunicación con la consola
   Ejemplo.attach(9);     // Asignamos el servo Ejemplo al puerto 9
}
```

```
void loop()
{
    potVal = analogRead(potPin);           // Lectura del valor del potenciómetro
    Angle = map(potVal, 0, 1023, 0, 180);  // Función map que calcula el ángulo
    Serial.print("Ángulo = ");             // Muestra en consola el literal "Ángulo = "
    Serial.println(Angle);                 // Muestra en consola el valor de Angle
    Ejemplo.write(Angle);                  // Pone el servo Ejemplo a Angle grados

    delay(1000);                           // Pausa de 1 segundo
}
```

SERVOS DE ROTACIÓN CONTINUA

Los **servos de rotación continua** tienen una diferencia fundamental respecto de los servos de ángulo de giro limitado en los que la señal de control sirve para posicionar al servo en un ángulo determinado.

En los servos de rotación continua la señal de control define la velocidad y el sentido del giro. Por lo general, funcionan de la siguiente manera:

- Situándolos a 90° se detienen.
- Situándolos entre 90° y 180° giran en sentido contrario a las agujas del reloj, acelerando su giro a medida que vamos aproximándonos a los 180°.
- Situándolos entre 90° y 0° giran en sentido de las agujas del reloj, acelerando su giro a medida que vamos aproximándonos a los 0°.

Esta relación entre el valor del ángulo y la velocidad no es lineal y depende mucho de la calidad del servo siendo frecuente que esta variación de velocidad se localice en los primeros valores del ángulo de giro de cada sentido.

También es frecuente que, dependiendo de la calidad y el tipo de servo, tenga una zona de valores por encima y por debajo de 90°, donde el servo no responda iniciando su movimiento.

Algunos servos de rotación continua tienen un potenciómetro interno que permite ajustar el punto neutro o punto de parada, si bien esta característica no es común a todos.

PRÁCTICA NÚMERO 22

Practicar el manejo de un servo de rotación continua.

Este programa se ha escrito usando un servo de rotación continua muy económico para ilustrar las limitaciones que tienen pero que, sabiendo utilizarlos, son totalmente funcionales para nuestras prácticas.

Lógicamente, los valores de los ángulos que se asignan en este programa tendremos que ajustarlos al servo utilizado en cada caso.

¿Qué va a hacer el programa?

1/ Inicia el giro del servo en sentido horario a velocidad muy lenta y cada dos segundos acelera a velocidad lenta, media y rápida hasta alcanzar la velocidad máxima que mantendrá durante cinco segundos.

2/ Realiza una parada de 2 segundos.

3/ A continuación realiza el mismo proceso, pero girando en sentido anti horario.

4/ Repite el proceso.

Necesitaremos:

- **Arduino Uno** 1
- **Protoboard** 1
- **Servo de rotación continua** 1

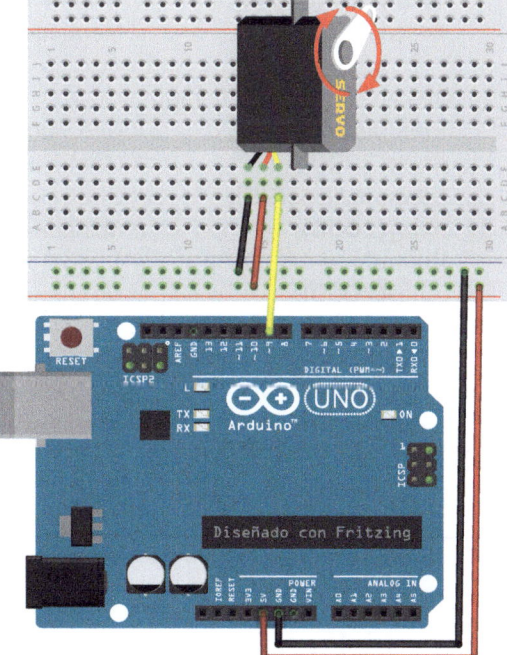

```
#include <Servo.h>        // Incluimos la librería de manejo de servos
Servo Ejemplo;            // Definimos un servo que se va a llamar Ejemplo

void setup()
{
    Ejemplo.attach(9);    // Asignamos el servo Ejemplo al puerto 9
}

void loop()
{
// Giro en sentido horario
    Ejemplo.write(85);    // Giro velocidad muy lenta
    delay(2000);          // Mantiene la velocidad 2 segundos
    Ejemplo.write(84);    // Giro velocidad lenta
    delay(2000);          // Mantiene la velocidad 2 segundos
    Ejemplo.write(83);    // Giro velocidad media
    delay(2000);          // Mantiene la velocidad 2 segundos
    Ejemplo.write(82);    // Giro velocidad rápida
    delay(5000);          // Mantiene la velocidad 5 segundos
    Ejemplo.write(90);    // Detiene el giro
    delay(2000);          // Mantiene la parada 2 segundos

// Giro en sentido anti horario
    Ejemplo.write(98);    // Giro velocidad muy lenta
    delay(2000);          // Mantiene la velocidad 2 segundos
    Ejemplo.write(99);    // Giro velocidad lenta
    delay(2000);          // Mantiene la velocidad 2 segundos
    Ejemplo.write(100);   // Giro velocidad media
    delay(2000);          // Mantiene la velocidad 2 segundos
    Ejemplo.write(101);   // Giro velocidad rápida
    delay(5000);          // Mantiene la velocidad 5 segundos
    Ejemplo.write(90);    // Detiene el giro
    delay(2000);          // Mantiene la parada 2 segundos
}
```

TEMA 8

- DISPLAY DE 7 SEGMENTOS
- MÁS SOBRE LAS FUNCIONES DE ARDUINO
- ESTRUCTURA SWITCH CASE EN ARDUINO

TEMA 8

DISPLAY DE 7 SEGMENTOS

Al igual que un led RGB es un componente que está formado por tres leds encapsulados juntos, el **display de 7 segmentos** agrupa en un encapsulado único 7 leds con forma de barra colocados de tal manera que permite formar números o letras.

Habitualmente estos displays incluyen uno o dos leds con forma de punto para permitir la formación de números decimales.

Este tipo de displays podemos encontrarlos en diferentes tamaños y en módulos que agrupan dos, tres o más unidades en función de los dígitos que tenga la información a visualizar.

Cuando se utilizan módulos de varias unidades de 7 segmentos, suelen incorporar un circuito controlador que simplifica la conexión y el manejo de estos dispositivos ya que, como vamos a ver, su conexión requiere el uso de un número elevado de puertos y su programación es laboriosa.

El número 73 es un Módulo de 4 unidades (Número de Sheldon)

> ¿Cómo se conectan los displays de 7 segmentos?

Hemos dicho que un display de 7 segmentos está formado por 8 leds, 7 en forma de barra y uno con forma de punto y, por tanto, se manejan como cualquier led.

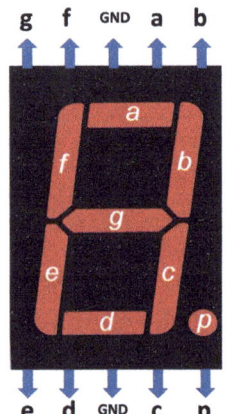

Cuando estudiamos los leds RGB vimos que se fabrican con la conexión del ánodo (positivo) o del cátodo (negativo) en común.

Para nuestras prácticas utilizaremos un display de cátodo común.

El diagrama de conexiones que se muestra en la figura permite identificar la patilla que corresponde a cada uno de los leds con forma de barra. La patilla central superior e inferior corresponde al negativo o cátodo común y ambas suelen estar conectadas interiormente.

Al igual que en el ejemplo del led RGB, deberemos colocar una resistencia para cada uno de los leds del display y no una única resistencia en el cátodo común porque provocaría una caída de tensión en la placa Arduino.

> ¿Cómo se programan los displays de 7 segmentos?

Programar este display es muy sencillo pero muy laborioso porque deberemos encender o apagar los leds en función del número que queramos mostrar. Por ejemplo, para visualizar un 5 deberíamos encender los leds a, f, g, c, d y apagar todos los demás, o para visualizar un

1 encenderíamos los leds b y c, y apagaríamos el resto. Para facilitar este manejo vamos a aprender más sobre las funciones en Arduino.

MÁS SOBRE LAS FUNCIONES DE ARDUINO

En el tema 6 aprendimos a hacer funciones que calculaban un valor a partir de unos parámetros que se pasaban al llamar a dicha función, **calcdist(TiempodelEco);**. Sin embargo, no siempre será necesario pasar parámetros a una función, ni las funciones tienen por qué devolver valores obligatoriamente.

Estas funciones que no devuelven parámetros se nombran como **void** (vacío, en inglés).

En Arduino tenemos dos funciones void obligadas: el **setup** y el **loop**, pero también podemos escribir nuestras propias funciones que agrupen partes de código que realizan tareas concretas y puedan ser reutilizadas a lo largo de la ejecución del programa.

Veamos un ejemplo con la siguiente práctica.

PRÁCTICA NÚMERO 23

Vamos a escribir un programa que haga parpadear un número 5 en el display.

Para ello también escribiremos una función que ilumine un número 5 y otra que apague todos los leds del display.

El material necesario será:

- ▪ **Arduino Uno** 1
- ▪ **Protoboard** 1
- ▪ **Resistencias de 220** Ω
  (rojo, rojo, marrón) 8
- ▪ **Display 7 segmentos** 1

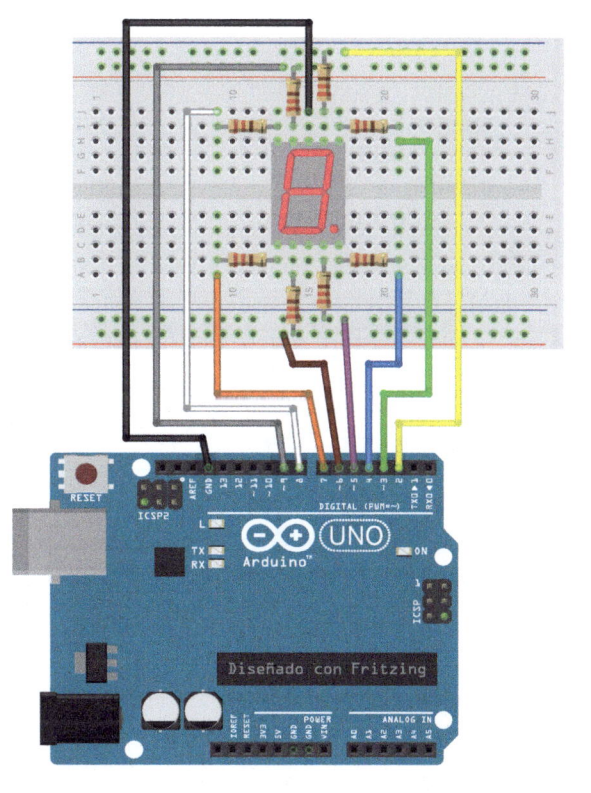

```
const int a = 2;        // Asignamos constantes para identificar las
const int b = 3;        // barras del display no por el número del puerto
const int p = 4;        // sino por el nombre de la barra que controla
const int c = 5;
const int d = 6;
const int e = 7;
const int g = 8;
const int f = 9;

void setup()
{
    pinMode(a, OUTPUT);    // Se definen los puertos donde se conectan
    pinMode(b, OUTPUT);    // las barras del display como salidas
    pinMode(p, OUTPUT);
    pinMode(c, OUTPUT);
    pinMode(d, OUTPUT);
    pinMode(e, OUTPUT);
    pinMode(g, OUTPUT);
    pinMode(f, OUTPUT);
}

void loop()
{
    apagar();             // Apaga todos los leds del display
    delay(1000);          // Pausa de 1 segundo
    cinco();              // Ilumina el display con un número "5"
    delay(1000);          // Pausa de 1 segundo
}

void apagar()
{                         // Esta función apaga todos los leds del display
    digitalWrite(a, LOW);
    digitalWrite(b, LOW);
    digitalWrite(c, LOW);
    digitalWrite(d, LOW);
    digitalWrite(e, LOW);
    digitalWrite(f, LOW);
    digitalWrite(g, LOW);
    digitalWrite(p, LOW);
}

void cinco()
{                         // Esta función ilumina un "5"
```

```
    digitalWrite(a, HIGH);
    digitalWrite(f, HIGH);
    digitalWrite(g, HIGH);
    digitalWrite(c, HIGH);
    digitalWrite(d, HIGH);
}
```

PRÁCTICA NÚMERO 24

Vamos a escribir un programa que:

1/ Realice una cuenta atrás de 10 segundos visualizando los números del 9 al 0 durante un segundo cada uno.

2/ Se mantenga apagado durante 5 segundos.

3/ Comience de nuevo.

Para ello también escribiremos todas las funciones para visualizar estos números.

Al principio de cada función se llamará a la función de apagado de leds para estar seguros de que solo se encienden los correspondientes al número elegido.

El material necesario será:

- **Arduino Uno** 1
- **Protoboard** 1
- **Resistencias de 220 Ω**
  (rojo, rojo, marrón) 8
- **Display 7 segmentos** 1

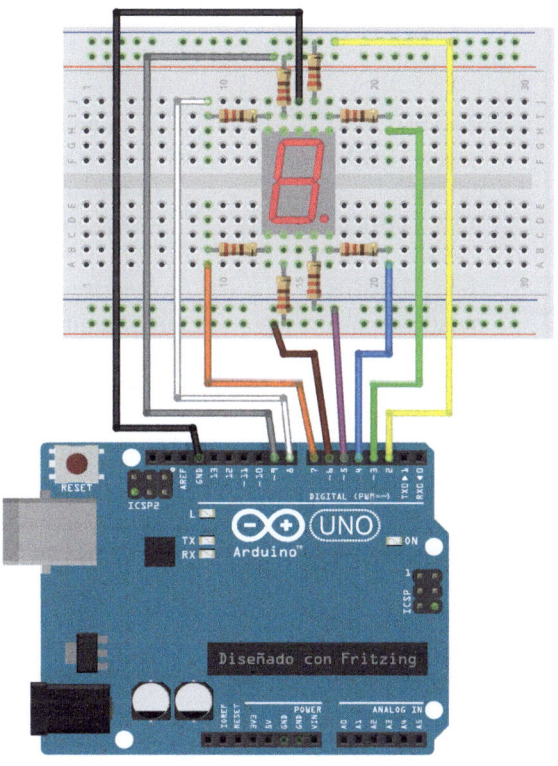

```
const int a = 2;          // Asignamos constantes para identificar las
const int b = 3;          // barras del display no por el número del puerto
const int p = 4;          // sino por el nombre de la barra que controla
const int c = 5;
const int d = 6;
const int e = 7;
const int g = 8;
const int f = 9;

void setup()
{
    pinMode(a, OUTPUT);   // Se definen los puertos donde se conectan
    pinMode(b, OUTPUT);   // las barras del display como salidas
    pinMode(p, OUTPUT);
    pinMode(c, OUTPUT);
    pinMode(d, OUTPUT);
    pinMode(e, OUTPUT);
    pinMode(g, OUTPUT);
    pinMode(f, OUTPUT);
}

void loop()
{
    nueve();              // Ilumina el display con un número "9"
    delay(1000);          // Pausa de 1 segundo
    ocho();               // Ilumina el display con un número "8"
    delay(1000);          // Pausa de 1 segundo
    siete();              // Ilumina el display con un número "7"
    delay(1000);          // Pausa de 1 segundo
    seis();               // Ilumina el display con un número "6"
    delay(1000);          // Pausa de 1 segundo
    cinco();              // Ilumina el display con un número "5"
    delay(1000);          // Pausa de 1 segundo
    cuatro();             // Ilumina el display con un número "4"
    delay(1000);          // Pausa de 1 segundo
    tres();               // Ilumina el display con un número "3"
    delay(1000);          // Pausa de 1 segundo
    dos();                // Ilumina el display con un número "2"
    delay(1000);          // Pausa de 1 segundo
    uno();                // Ilumina el display con un número "1"
    delay(1000);          // Pausa de 1 segundo
    cero();               // Ilumina el display con un número "0"
```

```
    delay(1000);              // Pausa de 1 segundo
    apagar();
    delay(5000);              // Pausa de 5 segundos
}

void apagar()
{                             // Esta función apaga todos los leds del display
    digitalWrite(a, LOW);
    digitalWrite(b, LOW);
    digitalWrite(c, LOW);
    digitalWrite(d, LOW);
    digitalWrite(e, LOW);
    digitalWrite(f, LOW);
    digitalWrite(g, LOW);
    digitalWrite(p, LOW);
}

void uno()
{                             // Esta función ilumina un "1"
    apagar();
    digitalWrite(b, HIGH);
    digitalWrite(c, HIGH);
}

void dos()
{                             // Esta función ilumina un "2"
    apagar();
    digitalWrite(a, HIGH);
    digitalWrite(b, HIGH);
    digitalWrite(g, HIGH);
    digitalWrite(e, HIGH);
    digitalWrite(d, HIGH);
}

void tres()
{                             // Esta función ilumina un "3"
    apagar();
    digitalWrite(a, HIGH);
    digitalWrite(b, HIGH);
    digitalWrite(g, HIGH);
    digitalWrite(c, HIGH);
    digitalWrite(d, HIGH);
}
```

```
void cuatro()
{                                // Esta función ilumina un "4"
   apagar();
   digitalWrite(b, HIGH);
   digitalWrite(f, HIGH);
   digitalWrite(g, HIGH);
   digitalWrite(c, HIGH);
}

void cinco()
{                                // Esta función ilumina un "5"
   apagar();
   digitalWrite(a, HIGH);
   digitalWrite(f, HIGH);
   digitalWrite(g, HIGH);
   digitalWrite(c, HIGH);
   digitalWrite(d, HIGH);
}

void seis()
{                                // Esta función ilumina un "6"
   apagar();
   digitalWrite(a, HIGH);
   digitalWrite(f, HIGH);
   digitalWrite(g, HIGH);
   digitalWrite(c, HIGH);
   digitalWrite(d, HIGH);
   digitalWrite(e, HIGH);
}

void siete()
{                                // Esta función ilumina un "7"
   apagar();
   digitalWrite(a, HIGH);
   digitalWrite(b, HIGH);
   digitalWrite(c, HIGH);
}

void ocho()
{                                // Esta función ilumina un "8"
   apagar();
   digitalWrite(a, HIGH);
```

```
      digitalWrite(b, HIGH);
      digitalWrite(c, HIGH);
      digitalWrite(d, HIGH);
      digitalWrite(e, HIGH);
      digitalWrite(f, HIGH);
      digitalWrite(g, HIGH);
   }

   void nueve()
   {                              // Esta función ilumina un "9"
      apagar();
      digitalWrite(a, HIGH);
      digitalWrite(b, HIGH);
      digitalWrite(c, HIGH);
      digitalWrite(f, HIGH);
      digitalWrite(g, HIGH);
   }

   void cero()
   {                              // Esta función ilumina un "0"
      apagar();
      digitalWrite(a, HIGH);
      digitalWrite(b, HIGH);
      digitalWrite(c, HIGH);
      digitalWrite(d, HIGH);
      digitalWrite(e, HIGH);
      digitalWrite(f, HIGH);
   }
```

ESTRUCTURA SWITCH CASE EN ARDUINO

La estructura **if-else** que vimos en el tema 2 nos permitía ejecutar una serie de instruccio- nes si al realizar una comparación se cumplía la condición del **if** y con el **else** otras diferen- tes si no se cumplía esta condición.

Si esa comparación fuese del valor de un número y ese número pudiese tomar más de dos valores podríamos anidar las sentencias **if** hasta chequear todos los valores posibles.

Veamos esto con un ejemplo.

La variable **Numero** solo puede valer 0 y 1.

```
int Numero = 1;                        // Declaramos la variable Número
                                       // y le damos valor 1

void setup()
{
   Serial.begin(9600);
}

void loop()
{
   if(Numero == 0)                     // Si Número es igual a 0
      Serial.println("Número es = 0"); // Visualiza el texto en la consola
   else
      Serial.println("Número es = 1"); // Visualiza el texto en la consola
}
```

Veamos ahora un ejemplo con más valores.

La variable **Numero** solo puede valer 0, 1, 2 y 3.

```
int Numero = 2;                        // Declaramos la variable Número
                                       // y le damos valor 2

void setup()
{
   Serial.begin(9600);                 // Abre la comunicación con la consola
}

void loop()
{
   if(Numero == 0)
      Serial.println("Número es = 0"); // Muestra el texto en la consola

   else
      if(Numero == 1)
         Serial.println("Número es = 1"); // Muestra el texto en la consola

      else
         if(Numero == 2)
            Serial.println("Número es = 2"); // Muestra el texto en la consola

         else
            Serial.println("Número es = 3"); // Muestra el texto en la consola

}
```

Si tuviésemos muchos valores posibles o/y si en lugar de solo una instrucción para cada valor tuviésemos que escribir varias, la legibilidad del programa se complicaría bastante.

Para estos casos, Arduino nos facilita una estructura que nos permite escribir el programa de manera más cómoda y legible.

Esta estructura es la **SWITCH CASE**.

Vamos a ver cómo es su sintaxis.

```
switch (VARIABLE)
{
   case VALOR1:
                Instrucción 1;
                Instrucción 2;
                Instrucción 3;
   break;
   case VALOR2:
                Instrucción 1;
                Instrucción 2;
                Instrucción 3;
   break;
   --
   --
   case VALORn:
                Instrucción 1;
                Instrucción 2;
                Instrucción 3;
   break;
}
```

Veamos lo que significa cada cosa:

VARIABLE .... Es el dato que puede tomar los distintos valores

VALOR1, VALOR2... VALORn .... Son los distintos valores que puede tomar **VARIABLE**

Instrucción 1; Instrucción 2; Instrucción 3; ...... Son la, o las instrucciones que deberán ejecutarse para cada valor

Veamos cómo se programaría el ejemplo anterior utilizando la estructura **SWITCH CASE**.

```
int Numero = 2;                         // Declaramos la variable Número
                                        // y le damos valor 2

void setup()
{
   Serial.begin(9600);                  // Abre la comunicación con la consola
}

void loop()
{
   switch(Numero)                       // Número valdrá 0, 1, 2 o 3
   {
      case 0:                           // Si Número vale 0
        Serial.println("Número es = 0"); // Muestra el texto en la consola
      break;                            // Termina la instrucción switch

      case 1:                           // Si Número vale 1
        Serial.println("Número es = 1"); // Muestra el texto en la consola
      break;                            // Termina la instrucción switch

      case 2:                           // Si Número vale 2
        Serial.println("Número es = 2"); // Muestra el texto en la consola
      break;                            // Termina la instrucción switch

      case 3:                           // Si Número vale 3
        Serial.println("Número es = 3"); // Muestra el texto en la consola
      break;                            // Termina la instrucción switch
   }
}
```

PRÁCTICA NÚMERO 25

Vamos a escribir un programa que:

1/ Realice una cuenta atrás de 10 segundos visualizando los números del 9 al 0 durante un segundo cada uno.

2/ Se mantenga apagado durante 5 segundos.

3/ Comience de nuevo.

Para ello partiremos del programa de la práctica 24, e incorporaremos la estructura **SWITCH CASE** y un bucle **for** para la cuenta descendente.

El material necesario será:
- **Arduino Uno**... 1
- **Protoboard** 1
- **Resistencias de 220 Ω (rojo, rojo, marrón)**............ 8
- **Display 7 segmentos** 1

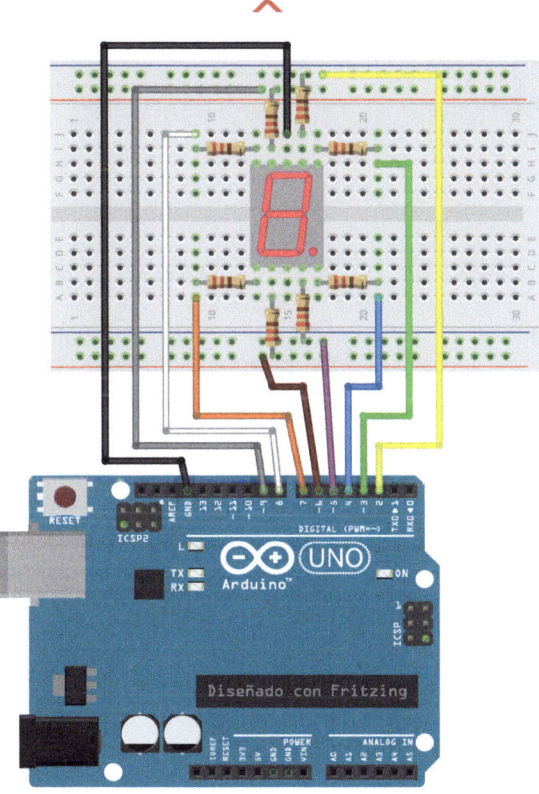

```
const int a = 2;        // Asignamos constantes para identificar las
const int b = 3;        // barras del display no por el número del puerto
const int p = 4;        // sino por el nombre de la barra que controla
const int c = 5;
const int d = 6;
const int e = 7;
const int g = 8;
const int f  = 9;

void setup()
{
  pinMode(a, OUTPUT);   // Se definen los puertos donde se conectan
  pinMode(b, OUTPUT);   // las barras del display como salidas
  pinMode(p, OUTPUT);
  pinMode(c, OUTPUT);
  pinMode(d, OUTPUT);
  pinMode(e, OUTPUT);
```

```
    pinMode(g, OUTPUT);
    pinMode(f, OUTPUT);
}

void loop()
{
    for (int i = 9; i >=0; i--)      // Bucle for de cuenta atrás desde 9 hasta 0
    {
        visualizar(i);               // Llama a la función visualizar y le pasa el valor
                                     // de la variable contador i como parámetro
        delay(1000);                 // Pausa de 1 segundo
    }
    apagar();                        // Apaga el display
    delay(5000);                     // Pausa de 5 segundos
}


void visualizar(int numero)         // Esta función tiene la estructura switch case que
                                    // llama a las funciones que iluminan el display
                                    // en función del valor de la variable número
{
    switch(numero)
    {
        case 0: cero();       break;
        case 1: uno();        break;
        case 2: dos();        break;
        case 3: tres();       break;
        case 4: cuatro();     break;
        case 5: cinco();      break;
        case 6: seis ();      break;
        case 7: siete();      break;
        case 8: ocho();       break;
        case 9: nueve();      break;
    }
}

void apagar()
{                                   // Esta función apaga todos los leds del display
    digitalWrite(a, LOW);
    digitalWrite(b, LOW);
    digitalWrite(c, LOW);
    digitalWrite(d, LOW);
    digitalWrite(e, LOW);
```

```
    digitalWrite(f, LOW);
    digitalWrite(g, LOW);
    digitalWrite(p, LOW);
}

void uno()
{                                   // Esta función ilumina un "1"
    apagar();
    digitalWrite(b, HIGH);
    digitalWrite(c, HIGH);
}

void dos()
{                                   // Esta función ilumina un "2"
    apagar();
    digitalWrite(a, HIGH);
    digitalWrite(b, HIGH);
    digitalWrite(g, HIGH);
    digitalWrite(e, HIGH);
    digitalWrite(d, HIGH);
}

void tres()
{                                   // Esta función ilumina un "3"
    apagar();
    digitalWrite(a, HIGH);
    digitalWrite(b, HIGH);
    digitalWrite(g, HIGH);
    digitalWrite(c, HIGH);
    digitalWrite(d, HIGH);
}

void cuatro()
{                                   // Esta función ilumina un "4"
    apagar();
    digitalWrite(b, HIGH);
    digitalWrite(f, HIGH);
    digitalWrite(g, HIGH);
    digitalWrite(c, HIGH);
}

void cinco()
```

```arduino
{                               // Esta función ilumina un "5"
  apagar();
  digitalWrite(a, HIGH);
  digitalWrite(f, HIGH);
  digitalWrite(g, HIGH);
  digitalWrite(c, HIGH);
  digitalWrite(d, HIGH);
}

void seis()
{                               // Esta función ilumina un "6"
  apagar();
  digitalWrite(a, HIGH);
  digitalWrite(f, HIGH);
  digitalWrite(g, HIGH);
  digitalWrite(c, HIGH);
  digitalWrite(d, HIGH);
  digitalWrite(e, HIGH);
}

void siete()
{                               // Esta función ilumina un "7"
  apagar();
  digitalWrite(a, HIGH);
  digitalWrite(b, HIGH);
  digitalWrite(c, HIGH);
}

void ocho()
{                               // Esta función ilumina un "8"
  apagar();
  digitalWrite(a, HIGH);
  digitalWrite(b, HIGH);
  digitalWrite(c, HIGH);
  digitalWrite(d, HIGH);
  digitalWrite(e, HIGH);
  digitalWrite(f, HIGH);
  digitalWrite(g, HIGH);
}

void nueve()
{                               // Esta función ilumina un "9"
```

```
    apagar();
    digitalWrite(a, HIGH);
    digitalWrite(b, HIGH);
    digitalWrite(c, HIGH);
    digitalWrite(f, HIGH);
    digitalWrite(g, HIGH);
}

void cero()
{                                    // Esta función ilumina un "0"
    apagar();
    digitalWrite(a, HIGH);
    digitalWrite(b, HIGH);
    digitalWrite(c, HIGH);
    digitalWrite(d, HIGH);
    digitalWrite(e, HIGH);
    digitalWrite(f, HIGH);
}
```

¡Toma nota!

TEMA 9

- **SENSORES DE LUZ**
- **FOTOCÉLULAS LDR**

TEMA 9

SENSORES DE LUZ

Los **sensores de luz** son componentes electrónicos que reaccionan de maneras diversas ante las variaciones de la intensidad de luz que reciben, ofreciendo con este fenómeno amplias posibilidades de aplicación en los más diversos campos.

Algunos materiales como el silicio, por ejemplo, liberan electrones al exponerlos a la radiación solar, creando así un flujo de energía que puede ser utilizada en aparatos de medición como luxómetros y fotómetros, o en aplicaciones de generación de energía eléctrica limpia y renovable.

FOTOCÉLULAS LDR

Otros sensores, como los **LDR**, funcionan de una manera muy distinta. Se comportan como resistencias cuyo valor depende de la cantidad de luz que captan. Son muy utilizadas en las aplicaciones de detección y medición de luz. Son los que utilizaremos en nuestras prácticas.

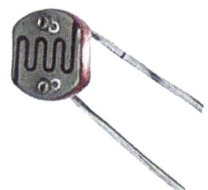

Los tipos de sensores de luz y sus aplicaciones más habituales son:

- **LDR (Light Dependant Resistor)**...... Detección y medición de luz.
- **Fotodiodo**.. Comunicaciones con fibra óptica.
- **Fototransistor**................................. Optoacopladores.
- **Célula fotoeléctrica**......................... Placas fotovoltaicas.
- **Sensor CCD** .... Cámaras de vídeo.
- **Sensor CMOS** .... Cámaras de alta definición.

PRÁCTICA NÚMERO 26

Vamos a escribir un programa para entender el funcionamiento de los sensores LDR que va a hacer lo siguiente:

1/ Vamos a leer cada 2 segundos el valor del LDR en un puerto de entrada analógico mientras exponemos el sensor a luces más o menos intensas (leeremos valores de 0 a 1023 como máximo).

2/ Se mostrará ese valor en la consola de Arduino.

El material que necesitaremos será:

- **Arduino Uno** 1
- **Protoboard** 1
- **Resistencia 1 kΩ**
  (marrón, negro, rojo) 1
- **Sensor LDR** 1

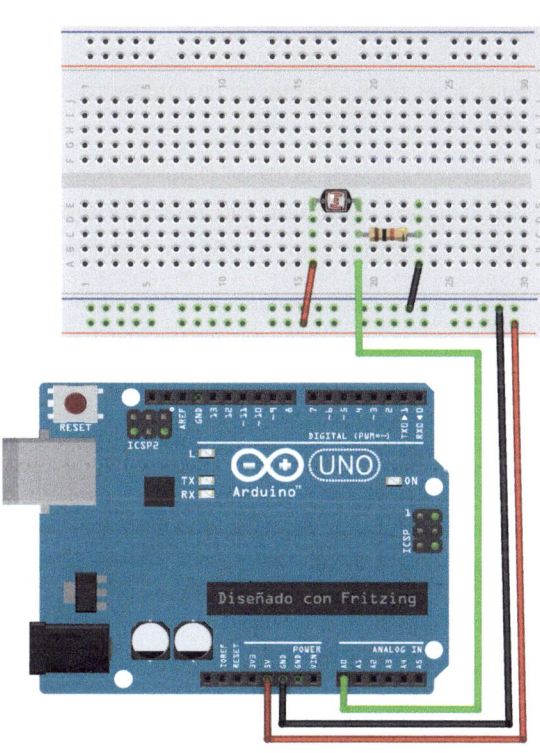

```
void setup()
{
    Serial.begin(9600);                    // Abre la comunicación con la consola
}

void loop()
{
    Serial.print("El valor leído es ");   // Muestra el texto en la consola
    Serial.println(analogRead(A0));        // Muestra el valor leído en la consola
    delay(2000);                           // Pausa de 2 segundos
}
```

Ahora que ya sabemos cómo se manejan los sensores LDR, vamos a hacer un fotómetro básico.

PRÁCTICA NÚMERO 27

Vamos a hacer un montaje de un fotómetro básico con una célula LDR y 3 leds que tendrán el siguiente comportamiento:

1/ Si la medida de la luz en el puerto supera el valor de 100 encender un led.

2/ Si supera el valor de 500 encender dos leds.

3/ Y si supera el valor de 800 encender los tres leds.

Este proceso se realizará una vez por segundo.

Estos valores se podrán ajustar en el programa, en función de la luz que hubiera en el lugar donde se está probando el circuito.

Se enviará la lectura del sensor a la consola.

Utilizaremos:
- **Arduino Uno** 1
- **Protoboard** 1
- **Resistencia 1 k**Ω **(marrón, negro, rojo)** 1
- **Resistencias de 220** Ω **(rojo, rojo, marrón)** 3
- **Sensor LDR** 1
- **Leds rojos** 3

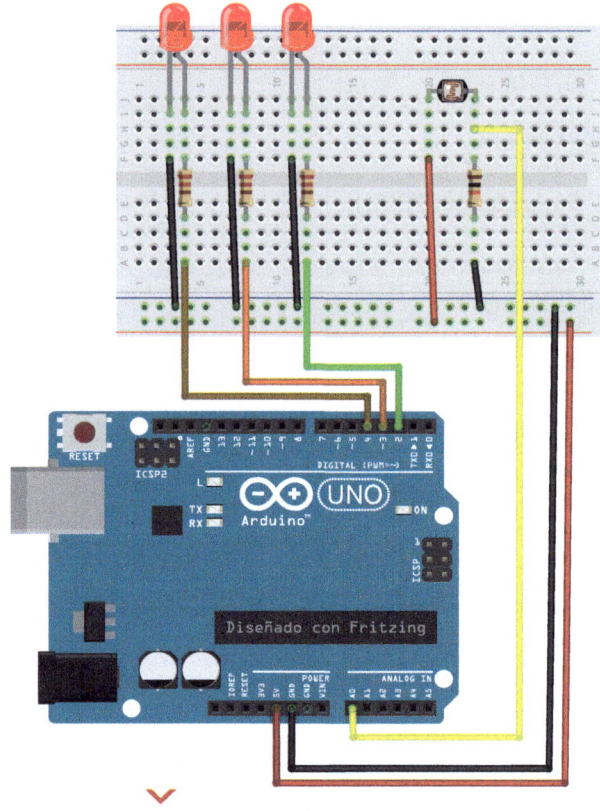

```
const int Led1 = 2;            // Define las constantes de los puertos
const int Led2 = 3;            // de los leds
const int Led3 = 4;

void setup ()
{
  Serial.begin(9600);          // Abre la comunicación con la consola
  pinMode(Led1, OUTPUT);       // Define los puertos de los leds
  pinMode(Led2, OUTPUT);       // como salidas
  pinMode(Led3, OUTPUT);
}

void loop()
{
  Serial.print("El valor del fotómetro es ");  // Muestra el texto en la consola
  Serial.println(analogRead(A0));               // Escribe el valor leído y salta de línea
  digitalWrite(Led1, LOW);                      // Apaga los leds
  digitalWrite(Led2, LOW);
  digitalWrite(Led3, LOW);

  if(analogRead(A0) > 100)     // Si la medida supera 100 enciende led 1
    digitalWrite(Led1, HIGH);

  if(analogRead(A0) > 500)     // Si la medida supera 500 enciende led 2
    digitalWrite(Led2, HIGH);

  if(analogRead(A0) > 800)     // Si la medida supera 800 enciende led 3
    digitalWrite(Led3, HIGH);

  delay(1000);                 // Pausa 1 segundo antes de una
                               // nueva lectura
}
```

¡Toma nota!

TEMA 10

- **ZUMBADORES Y ALTAVOCES**
- **MÚSICA Y SONIDO CON ARDUINO**
- **VECTORES DE DATOS**

TEMA 10

ZUMBADORES Y ALTAVOCES

> ¿Qué es un zumbador?

Un **zumbador** es un transductor electroacústico que produce sonidos. Su construcción consta de un electroimán y una lámina metálica de acero.

Cuando se le aplica corriente, esta pasa por la bobina del electroimán y produce un campo magnético que varía con la intensidad de dicha corriente. Este campo magnético hace vibrar la lámina de acero produciendo así los sonidos.

Al estar construidos con una lámina de acero de pequeño diámetro, las frecuencias que producen son agudas y de un rango limitado.

> Los altavoces y su funcionamiento

Los **altavoces**, a diferencia de los zumbadores, tienen en su base y, formando parte de la estructura del altavoz, un imán permanente de gran potencia. En su parte frontal está el cono del altavoz, que es el elemento destinado a producir el sonido. El cono está fijado al cuerpo del altavoz mediante una pieza elástica (un fuelle, espuma, etc.) que le permite moverse adelante y atrás.

Este cono lleva fijada a su base una bobina que está empotrada en un surco del imán, dentro de su campo magnético, por lo que, al conectar el altavoz, la corriente que pasa por esta bobina la convierte en un electroimán que es atraído o repelido por el imán fijo del altavoz, provocando el movimiento del cono hacia delante y atrás. Este movimiento produce las vibraciones que percibimos como sonidos.

Los altavoces tienen un rango de reproducción de frecuencias mucho más amplio que los zumbadores especialmente en frecuencias graves y medias, ofreciendo un sonido que percibimos como más "cálido y agradable" al oído.

MÚSICA Y SONIDO CON ARDUINO

> Las instrucciones tone y noTone

Para producir sonidos con Arduino tenemos la instrucción **tone**, vamos a ver cómo es su sintaxis:

```
tone(pin, frecuencia);
```

pin .... Especifica el puerto de salida donde está conectado el zumbador.

frecuencia .... Indica la frecuencia del sonido que va a reproducir en hercios. Si se quiere reproducir una melodía con diferentes notas hay que especificar la frecuencia que corresponde a cada nota como se ve en la siguiente tabla.

Octava 2		Octava 3	
NOTA	FRECUENCIA EN HERCIOS	NOTA	FRECUENCIA EN HERCIOS
Do	130.81	Do	261.63
Do#	138.59	Do#	277.18
Re	146.83	Re	293.66
Re#	155.56	Re#	311.13
Mi	164.81	Mi	329.63
Fa	174.61	Fa	349.23
Sol	196.00	Sol	392.00
Sol#	207.65	Sol#	415.30
La	220.00	La	440.00
La#	233.08	La#	466.16
Si	246.94	Si	493.88

Después de ejecutar la instrucción **tone(pin, frecuencia)**; el zumbador continuará sonando hasta que le mandemos parar con la instrucción **noTone(pin)**; donde **pin** especifica el puerto de salida donde está conectado el zumbador.

Existe un tercer parámetro de la instrucción **tone** que es la duración en milisegundos que tendrá la nota. Esta es su sintaxis:

```
tone(pin, frecuencia, duración);
```

Sin embargo, el parámetro **duración** no detiene la ejecución del programa como lo hace **delay**. Esto hay que tenerlo en cuenta a la hora de programar sonidos.

Vamos a programar algunos ejemplos para entender bien su funcionamiento.

Colocaremos las instrucciones de estos programas en la función **setup** para que se ejecuten una sola vez y evitar así que el zumbador esté sonando en bucle, lo que puede resultar molesto.

PRÁCTICA NÚMERO 28

Pruebas con el sonido de arduino.

Necesitaremos:

- **Arduino Uno** **1**
- **Protoboard** **1**
- **Zumbador** **1**

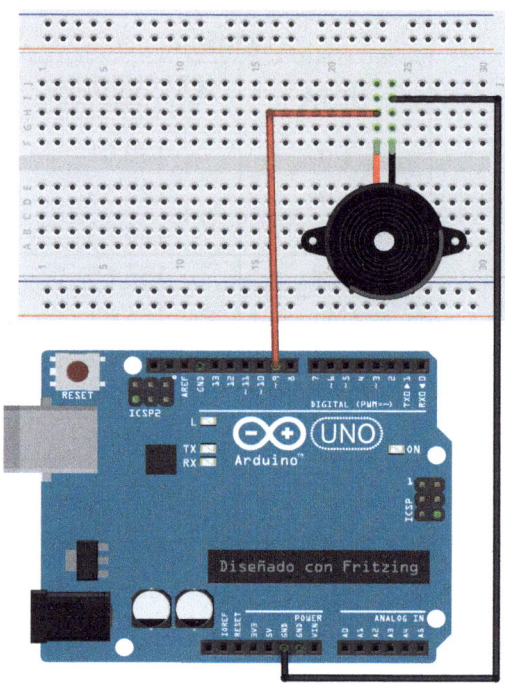

1/ Vamos a montar el siguiente **circuito**

2/ Vamos a realizar las **pruebas**

> Prueba 1

El zumbador reproduce un Do y **no** se para.

```
const int zumbador=9;            // Asigna a la constante zumbador el puerto 9

void setup()
{
  pinMode(zumbador, OUTPUT);     // Define el puerto del zumbador de salida
  tone(zumbador, 261);           // Reproduce en el zumbador un Do
}

void loop()
{}
```

> Prueba 2

Reproduce un Do durante un segundo y se para.

```
const int zumbador=9;          // Asigna a la constante zumbador el puerto 9

void setup()
{
   pinMode(zumbador, OUTPUT);  // Define el puerto del zumbador de salida
   tone(zumbador, 261, 1000);  // Reproduce en el zumbador un Do
                               // con una duración de 1 segundo
}

void loop()
{}
```

> Prueba 3

Reproduce un Do durante un segundo y se para.

```
const int zumbador=9;          // Asigna a la constante zumbador el puerto 9

void setup()
{
   pinMode(zumbador, OUTPUT);  // Define el puerto del zumbador de salida
   tone(zumbador, 261);        // Reproduce en el zumbador un Do
   delay(1000);                // Pausa de 1 segundo
   noTone(zumbador);           // Silencia el zumbador
}

void loop()
{}
```

> Prueba 4

No reproduce nada porque ejecuta **tone** e inmediatamente después ejecuta **noTone** por lo que no da tiempo a que empiece a sonar. Recordar que el parámetro de **duración** de la instrucción **tone**, en este caso de un segundo, no detiene la ejecución del programa.

```
const int zumbador=9;          // Asigna a la constante zumbador el puerto 9

void setup()
{
   pinMode(zumbador, OUTPUT);  // Define el puerto del zumbador de salida
```

```
    tone(zumbador, 261, 1000);      // Reproduce en el zumbador un Do
                                    // con una duración de 1 segundo
    noTone(zumbador);               // Silencia el zumbador
}

void loop()
{}
```

> Prueba 5

Reproduce la escala musical de Do a Si y para.

```
const int zumbador=9;              // Asigna a la constante zumbador el puerto 9

void setup()
{
    pinMode(zumbador, OUTPUT);     // Define el puerto del zumbador de salida
    tone(zumbador, 261);           // Reproduce en el zumbador un Do
    delay(1000);                   // Pausa de 1 segundo
    tone(zumbador, 294);           // Reproduce en el zumbador un Re
    delay(1000);                   // Pausa de 1 segundo
    tone(zumbador, 329);           // Reproduce en el zumbador un Mi
    delay(1000);                   // Pausa de 1 segundo
    tone(zumbador, 349);           // Reproduce en el zumbador un Fa
    delay(1000);                   // Pausa de 1 segundo
    tone(zumbador, 392);           // Reproduce en el zumbador un Sol
    delay(1000);                   // Pausa de 1 segundo
    tone(zumbador, 440);           // Reproduce en el zumbador un La
    delay(1000);                   // Pausa de 1 segundo
    tone(zumbador, 493);           // Reproduce en el zumbador un Si
    delay(1000);                   // Pausa de 1 segundo
    noTone(zumbador);              // Silencia el zumbador
}

void loop()
{}
```

Se podrían sustituir estas tres últimas instrucciones:

```
    tone(zumbador, 493);           // Reproduce en el zumbador un Si
    delay(1000);                   // Pausa de 1 segundo
    noTone(zumbador);              // Silencia el zumbador
```

^

Por esta:

```
tone(zumbador, 493, 1000);    // Reproduce en el zumbador un Si
                              // con una duración de 1 segundo
```

> Prueba 6

Solo reproduce la última nota "Si" tone(zumbador, 493, 1000); porque el parámetro **duración** (que es de un segundo en cada nota) no detiene la ejecución por lo que cada nota "machaca" a la anterior escuchándose solo la última.

```
const int zumbador=9;               // Asigna a la constante zumbador el puerto 9

void setup()
{
  pinMode(zumbador, OUTPUT);    // Define el puerto del zumbador de salida
  tone(zumbador, 261, 1000);    // Reproduce en el zumbador un Do
                                // con una duración de 1 segundo
  tone(zumbador, 294, 1000);    // Reproduce en el zumbador un Re
                                // con una duración de 1 segundo
  tone(zumbador, 329, 1000);    // Reproduce en el zumbador un Mi
                                // con una duración de 1 segundo
  tone(zumbador, 349, 1000);    // Reproduce en el zumbador un Fa
                                // con una duración de 1 segundo
  tone(zumbador, 392, 1000);    // Reproduce en el zumbador un Sol
                                // con una duración de 1 segundo
  tone(zumbador, 440, 1000);    // Reproduce en el zumbador un La
                                // con una duración de 1 segundo
  tone(zumbador, 493, 1000);    // Reproduce en el zumbador un Si
                                // con una duración de 1 segundo
}

void loop()
{}
```

Si ya tenemos claro el funcionamiento de tone estamos preparados para reproducir música con Arduino.

VECTORES DE DATOS

> ¿Qué es un vector de datos?

En programación llamamos **vector** a una estructura de almacenamiento de datos, donde todos los elementos que lo componen son del mismo tipo y para distinguirlos entre sí les añadimos un número al que llamamos "Índice".

Se declara con la siguiente sintaxis:

> Tipo **Nombre[Elementos] = {Valor1, Valor2, Valor3, Valor4, Valor5};**

Tipo......................... Es el tipo de datos de los elementos que componen el vector. Todos ellos son del mismo.

Nombre.............. Es el nombre que queramos asignarle al vector.

Elementos .... Es el número de componentes del vector y se numeran desde el 0, así que, en un vector de 4 elementos, estarán numerados del 0 al 3.

Valor 1, Valor 2..... Es el valor que asignamos a cada elemento del vector.

Por ejemplo:

> char **Brujula[4] = {'N', 'S', 'E', 'O'};**

PRÁCTICA NÚMERO 29

Vamos a escribir un programa muy sencillo para visualizar los valores de los puntos cardinales del vector "brújula" del ejemplo anterior.

El programa leerá mediante un bucle **for** el vector Brújula y mostrará sus valores en la consola. Transcurrido un minuto repetirá la operación.

Necesitaremos:

■ **Arduino Uno** **1**

∧

```
char Brujula[4] = {'N', 'S', 'E', 'O'};    // Declara un vector de 4 elementos tipo
                                           // carácter y le asigna valores

void setup()
{
   Serial.begin(9600);                     // Abre la comunicación con la consola
}


void loop()
{
   for(int i=0; i<4; i++)                  // Bucle for que empieza en 0 y termina en 3
      Serial.println(Brujula[i]);          // Muestra el valor del elemento i
                                           // del vector en la consola

   delay(60000);                           // Pausa de un minuto antes de repetir
                                           // el proceso

}
```

En la consola del IDE de Arduino podemos ver el resultado de la ejecución del programa.

∞ COM3	—	☐	✕

	Enviar

```
N
S
E
O
```

☑ Autoscroll ☐ Mostrar marca temporal	Nueva línea ⌄	9600 baudio ⌄	Limpiar salida

Imagen de la consola de ARDUINO® IDE

> ¿Programando una melodía?

Ahora que ya conocemos el manejo del zumbador y sabemos cómo podemos almacenar datos en vectores, vamos a escribir un programa que reproduzca una melodía.

PRÁCTICA NÚMERO 30

Vamos a escribir un programa que reproduzca las primeras notas de *Noche de Paz*, las marcadas en rojo. Las notas sin "*" son de la octava 2 y las que lo tienen de la octava 3 (ver tabla de notas de la página 127).

sol la sol mi
sol la sol mi
re* re* si si do* do* sol

la la do* si la sol la sol mi
la la do* si la sol la sol mi

re* re* fa* re* si do* mi*
do* sol mi sol fa re do

Primero se definen como constantes las notas y las frecuencias correspondientes a cada una de ellas.

Luego se definen dos vectores, uno contiene las notas y los silencios (que llamaremos **p**) que se desea reproducir y el segundo vector define el tiempo de duración de cada nota o cada silencio.

Al final de la reproducción una sentencia **noTone** silencia la nota final.

El material necesario será:

- **Arduino Uno** **1**
- **Altavoz (o zumbador)** **1**

```
const long p = 0;              // Frecuencia de silencio
const long d = 130.81;         // Frecuencia de Do octava 2
const long r = 138.59;         // Frecuencia de Re octava 2
const long m = 164.83;         // Frecuencia de Mi octava 2
const long f = 174.61;         // Frecuencia de Fa octava 2
const long s = 196.00;         // Frecuencia de Sol octava 2
const long l = 220.00;         // Frecuencia de La octava 2
const long t = 246.94;         // Frecuencia de Si octava 2
const long D = 261.63;         // Frecuencia de Do octava 3
const long R = 293.66;         // Frecuencia de Re octava 3


const int numero = 23;         // Los vectores tienen 23 elementos
                               // Vector de notas y silencios
long notas[numero] = {s,l,s,m,p,s,l,s,m,p,R,p,R,p,t,p,t,p,D,p,D,p,s};
                               // Vector de tiempo de duración de las notas
                               // y los silencios
int tiempos[numero] = {1000,500,500,1000,300,1000,500,500,1000,
300,700,100,700,100,700,100,700,100,500,100,500,100,1000};


const int zumbador = 9;        // Asigna a la constante zumbador el puerto 9

void setup()
{
  pinMode(zumbador, OUTPUT);   // Define el puerto del zumbador como salida

  for (int i = 0; i < numero; i++)  // El bucle for recorre los vectores hasta
                                    // alcanzar la última posición
  {
    tone(zumbador,notas[i]);   // Reproduce la nota de la posición i del
                               // vector de notas
    delay(tiempos[i]);         // Espera el tiempo indicado en la
                               // posición i del vector de tiempos

  }
  noTone(zumbador);            // Silencia la última nota reproducida
}

void loop()
{}
```

¡Toma nota!

TEMA 11

MANEJO DE GRANDES CARGAS CON RELÉS

ESTRUCTURAS DE CONTROL WHILE Y DO WHILE

TEMA 11

MANEJO DE GRANDES CARGAS CON RELÉS

> ¿Qué es un relé?

Un **relé** es un dispositivo controlado por un circuito eléctrico o electrónico, que acciona uno o varios contactos que actúan como si fuesen unos interruptores. Estos contactos que cierra o abre el relé, permiten conectar o desconectar dispositivos de mucha mayor carga eléctrica que la necesaria para hacer funcional el propio relé, permitiendo a nuestro Arduino, por ejemplo, encender y apagar aparatos conectados a 220 voltios (un foco, una cafetera, un ventilador, etc.).

> Tipos de relés

Por su tecnología, los dos tipos de relés más comunes son los mecánicos y los de estado sólido.

> Relés mecánicos

El funcionamiento de los **relés mecánicos** más comunes se basa en un electroimán que, al aplicarle tensión, atrae una lámina metálica que cierra un circuito.

En nuestras prácticas, usaremos unos módulos que aíslan eléctricamente la conexión del relé con el Arduino mediante un acoplamiento óptico (optoacoplador). Este es necesario para evitar que la corriente que retorna de la bobina al desconectar el relé, dañe el puerto del Arduino.

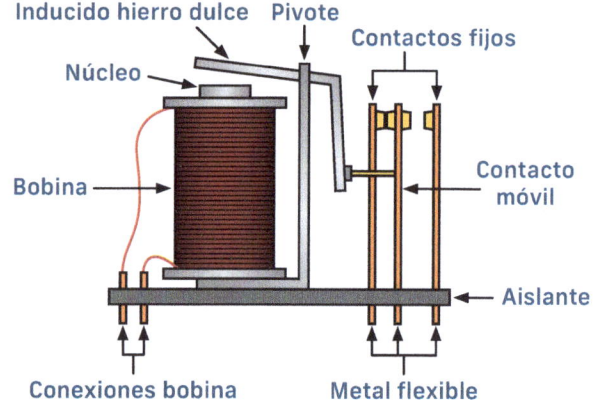

Los relés que montan estos módulos funcionan como un conmutador eléctrico. Esto quiere decir que cuando el relé está en reposo, tiene cerrado el circuito entre los contactos 2 y 4, y cuando se aplica tensión en la bobina (contactos 1 y 5), el relé se activa abriendo el circuito entre los contactos 2 y 4 y cerrando el circuito entre los contactos 2 y 3.

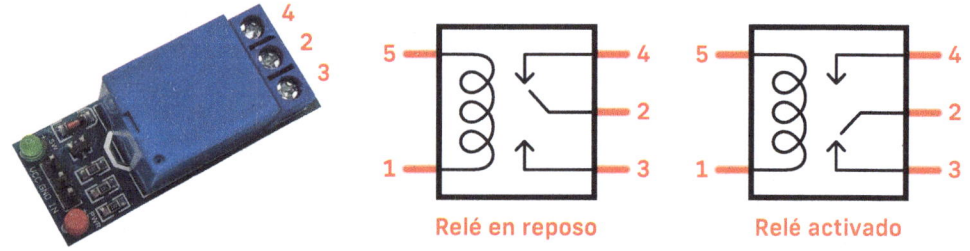

Relé en reposo   Relé activado

Estos módulos tienen una regleta de tres conexiones con tornillos donde conectaremos el dispositivo que queramos manejar y que se corresponden a los contactos 2, 3 y 4 de los diagramas.

> Relés de estado sólido

Los **relés de estado sólido** o SSR (*Solid State Relay*) son dispositivos con una funcionalidad parecida a la de un relé convencional pero construidos con semiconductores, es decir, no tienen partes móviles.

Las principales diferencias en los modelos que vamos a utilizar respecto de los relés mecánicos son dos:

La primera es que, la mayoría de ellos, no nos servirán para accionar circuitos de corriente continua, es decir, podremos utilizarlos para encender una bombilla conectada a la red de 220 voltios, pero no nos servirán para encender un led, o una bombilla de 12 voltios conectada a una batería de coche.

La segunda diferencia es que los relés de estado sólido que vamos a utilizar funcionan como un interruptor y no como un conmutador. Si necesitásemos conmutar dos luces, tendríamos que utilizar dos relés, uno para cada luz.

Esto se ve claramente en la regleta con tornillos que tienen en su salida. Esta regleta es de tan solo dos conexiones en lugar de las tres conexiones que suelen tener los relés mecánicos de los módulos que usaremos en nuestras prácticas.

> ¿Cómo se conecta un módulo de relé a la placa Arduino?

Los módulos de relés, tanto los mecánicos como los de estado sólido, tienen tres terminales que conectaremos al Arduino.

- Uno marcado como "**DC+**" o "**VCC**" o "**+**", etc., que se conectará a la alimentación positiva de 5 Vcc de Arduino.
- Otro marcado como "**DC-**" o "**GND**" o "**-**", etc., que se conectará a la alimentación negativa o GND de Arduino.

Estas dos primeras conexiones son para alimentar el relé y su circuito de control.

- Un último contacto marcado como "**CH1**" (canal 1, 2, 3... n) o "**IN**" (entrada) o "**S**" (*Signal*), etc., que se conectará al puerto asignado al relé en el Arduino y servirá para controlar la activación y desactivación de este.

> ¿Cómo se programa un módulo de relé en Arduino?

Los módulos de relés se programan exactamente igual que un led. Hay que tener en cuenta que hay relés que se activan poniendo el puerto a **LOW** (la mayoría de los relés se activan así) mientras que otros se activan al poner el puerto de control a **HIGH**.

Comúnmente los relés tienen incorporados dos leds. Uno de ellos se enciende para indicar que el módulo está correctamente conectado a la alimentación, y el otro suele encenderse cuando el relé está activado.

PRÁCTICA NÚMERO 31

Para practicar con el relé mecánico y su capacidad de conmutación, vamos a escribir un programa que encienda alternativamente dos luces conectadas a una alimentación externa.

Para la práctica utilizaremos dos leds conectados a una pila de 9 voltios, pero podrían ser dos bombillas conectadas a la corriente de 220 v.

Material:

- **Arduino Uno** 1
- **Protoboard** 1
- **Resistencias 1 kΩ**
  (marrón, negro, rojo) 2
- **Relé mecánico** 1
- **Leds rojo y verde** 2

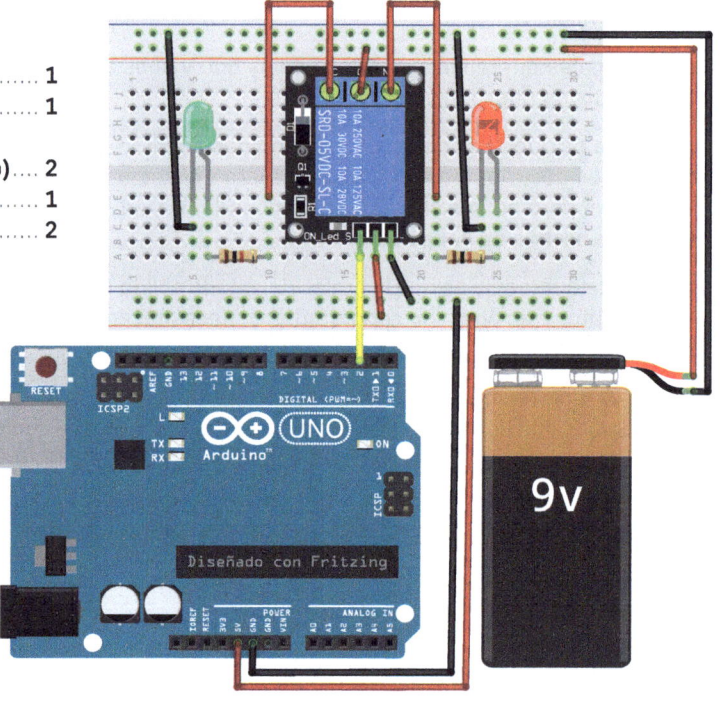

```
const int Rele = 2;              // Asigna a la constante Relé el puerto 2

void setup()
{
   pinMode(Rele, OUTPUT);        // Define el puerto del relé como salida
}

void loop()
{
   digitalWrite(Rele, LOW);      // Activa el relé, se apaga el led verde y se enciende el rojo
   delay(1000);                  // Pausa de un segundo
   digitalWrite(Rele, HIGH);     // Relé en reposo, se apaga led rojo y se enciende el verde
   delay(1000);                  // Pausa de un segundo
}
```

PRÁCTICA NÚMERO 32

La práctica con el relé de estado sólido vamos a realizarla con **mucha precaución** porque vamos a manejar tensiones elevadas, en este caso 220 voltios.

El programa es el mismo del caso anterior, pero como este relé no conmuta, simplemente haremos parpadear una bombilla.

Necesitaremos:

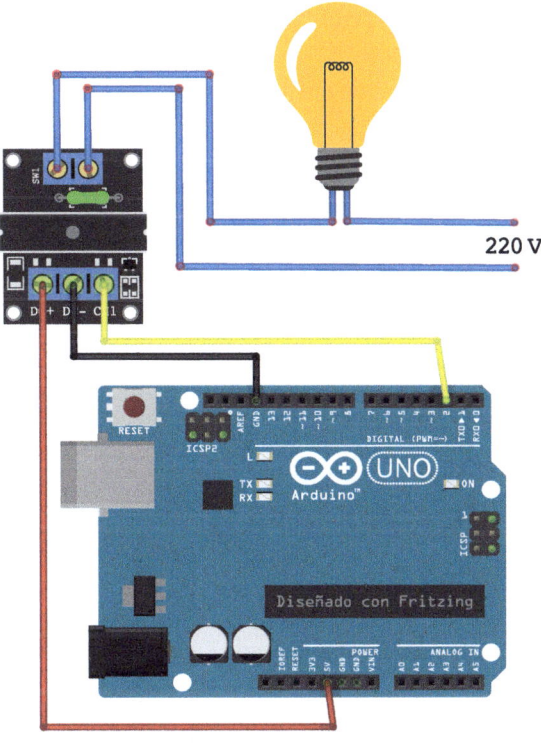

220 V

- ■ **Arduino Uno** 1
- ■ **Relé de estado sólido** 1
- ■ **Bombilla** 1

```
const int Rele = 2;           // Asigna a la constante Relé el puerto 2

void setup()
{
    pinMode(Rele, OUTPUT);    // Define el puerto del relé como salida
}

void loop()
{
    digitalWrite(Rele, LOW);    // Activa el relé, se enciende la bombilla
    delay(1000);                // Pausa de un segundo
    digitalWrite(Rele, HIGH);   // Pone el relé en reposo, se apaga la bombilla
    delay(1000);                // Pausa de un segundo
}
```

ESTRUCTURAS DE CONTROL WHILE Y DO WHILE

Las estructuras **while** y **do while** son estructuras de bucle.

Las estructuras de bucle son aquellas destinadas a repetir un grupo de instrucciones del programa mientras se cumpla una condición.

> Estructuras de control while

Cuando estudiamos la estructura de los bucles **for** vimos que la condición que tenían que cumplir para salir del bucle era que la variable del contador alcanzase un valor determinado.

El bucle **for** está pensado precisamente para ese tipo de bucles con contador, sin embargo, podríamos programar un bucle que hiciese la misma tarea con la estructura **while**; la ventaja del bucle **while** es que esa condición de salida del bucle puede ser más compleja, por ejemplo:

```
while(digitalRead(2) == LOW);
{
   Instrucción 1;
   Instrucción 2;
   Instrucción 3;
}
```

Veamos un ejemplo más concreto. Realicemos un programa que muestre en la consola los valores de la variable **x** desde 1 hasta 10, espere 5 segundos y comience de nuevo.

Lo haremos con el bucle **for** y con el bucle **while**.

Utilizando un bucle for	Utilizando un bucle while
```void setup()```	```void setup()```

```
void setup()
{
Serial.begin(9600);
}

void loop()
{
   for(int x = 1 ; x <= 10 ; x++)
   {
      Serial.print("x = ");
      Serial.println(x);
   }
   delay(5000);
}
```

```
void setup()
{
Serial.begin(9600);
}

void loop()
{
   int x = 1;
   while(x <= 10)
   {
      Serial.print("x = ");
      Serial.println(x);
      x++;
   }
   delay(5000);
}
```

El resultado de la ejecución de ambos programas será exactamente igual:

Imagen de la consola de ARDUINO® IDE

PRÁCTICA NÚMERO 33

Escribir un programa que active un relé (que nos servirá para encender una luz, la calefacción...) cuando llegue la noche, utilizando un sensor LDR, un relé mecánico y la estructura **while** y que muestre por consola el valor leído en el puerto del LDR para poder ajustar el parámetro del cambio del día a la noche.

Se puede tomar un valor de partida de lectura del sensor de 300 para considerar noche cuando el LDR lea un valor inferior, pero esto dependerá mucho de las condiciones de iluminación del lugar donde lo instalemos. Será necesario hacer pruebas para ajustar correctamente su funcionamiento.

Necesitaremos:

- **Arduino Uno**......................1
- **Protoboard**.........................1
- **Resistencia 1 kΩ** **(marrón, negro, rojo)**........1
- **Relé mecánico**...................1
- **Sensor LDR**......................1

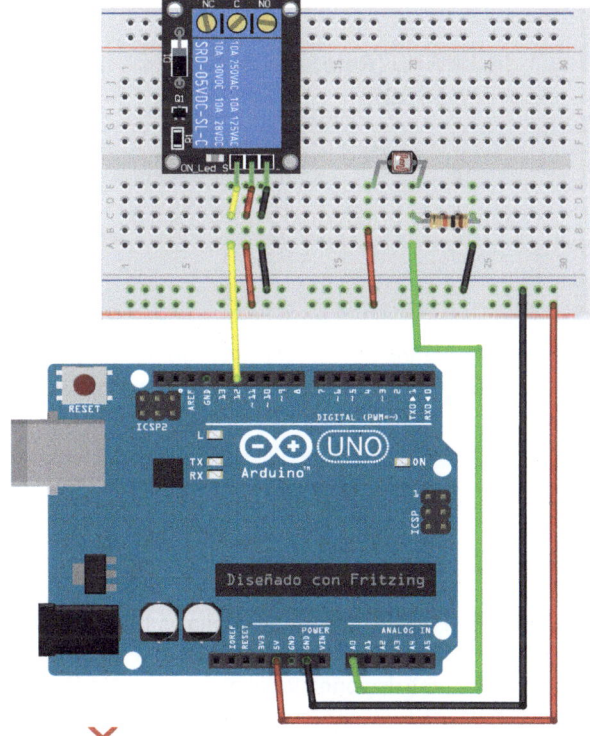

```
const int Rele = 12;              // Asigna a la constante Relé el puerto 12
const int Sensor = A0;            // Asigna a la constante Sensor el puerto A0

void setup()
{
  Serial.begin(9600);             // Abre la comunicación con la consola
  pinMode(Rele, OUTPUT);          // Define el puerto del relé como salida
}

void loop()
{
  while(analogRead(Sensor) > 300) // Mientras que la lectura del LDR
                                  // sea mayor de 300
  {
    digitalWrite(Rele, HIGH);     // Pone el relé en estado de reposo
    delay(1000);                  // Pausa de un segundo para estabilizar
                                  // el cambio*
    Serial.print("Lectura de LDR en modo día = ");
                                  // Texto informativo
    Serial.println(analogRead(Sensor)); // Muestra el valor leído por el LDR
                                  // en modo día
  }                               // Cuando la lectura del LDR es menor
                                  // o igual de 300 sale del bucle while

  digitalWrite(Rele, LOW);        // Activa la conexión del relé
  delay(1000);                    // Pausa de un segundo para estabilizar
                                  // el cambio*
  Serial.print("Lectura de LDR en modo noche = ");
                                  // Texto informativo
  Serial.println(analogRead(Sensor)); // Muestra el valor leído por el LDR
                                  // en modo noche
}
```

* Cuando ponemos un delay(1000); "Pausa para estabilizar el cambio", su objetivo es evitar que el relé se active y desactive de manera muy rápida. Por ejemplo, en caso de que algún objeto tape momentáneamente el sensor LDR o que el valor leído oscile arriba y abajo del valor umbral de disparo que, en este ejemplo, es de 300.

> Estructura de control do while y diferencia con while

La estructura **do while** es muy similar a la estructura **while**, con la única diferencia de que las instrucciones del bucle se ejecutan al menos una vez ya que con **do while** primero se ejecutan las instrucciones y después se revisa la condición y con **while** primero se revisa la condición y después, si se cumple, se ejecutan dichas instrucciones.

Esto es muy fácil de entender comparándolas juntas.

```
do
{
    Instrucción 1;
    Instrucción 2;
    Instrucción 3;
}
while(digitalRead(2) == LOW);
```

```
while(digitalRead(2) == LOW);
{
    Instrucción 1;
    Instrucción 2;
    Instrucción 3;
}
```

¡Toma nota!

TEMA 12

- CONCEPTO DE CAPACIDAD
- BUSCAR LIBRERÍAS DESDE ARDUINO IDE
- SENSORES CAPACITIVOS

TEMA 12

CONCEPTO DE CAPACIDAD

> ¿Qué es la capacidad?

La **capacidad eléctrica** se podría definir como la propiedad que tienen los cuerpos para adquirir y mantener una carga eléctrica.

Casi todos los cuerpos pueden absorber una cantidad mayor o menor de carga eléctrica y este es el principio en el que se basa el funcionamiento de la librería **CapacitiveSensor**, que vamos a emplear en estas prácticas.

La librería utiliza dos puertos de Arduino conectados a una lámina metálica, en uno envía una señal eléctrica y en el otro la recibe midiendo el tiempo que tardan en equilibrarse ambas señales.

Cuando un cuerpo se aproxima o toca la lámina metálica absorbe parte de esa energía eléctrica, lo que provoca que aumente el tiempo que tardan ambos puertos en equilibrar su carga. Esa diferencia de tiempo es lo que permite al sensor detectar la proximidad y el contacto con el objeto.

BUSCAR LIBRERÍAS DESDE ARDUINO IDE

En el capítulo 7 incluimos la librería Servo en un programa. Esta librería ya está instalada de origen en nuestro IDE de Arduino.

Sin embargo, es posible que necesitemos utilizar librerías que no vienen instaladas en el IDE, como por ejemplo la **CapacitiveSensor**. En estos casos deberemos importar la librería. Veamos cómo se hace.

Seleccionando el menú **Herramientas** submenú **Administrar Bibliotecas** (o también menú **Programa**, **Incluir Librería**, **Administrar Bibliotecas**) accederemos a la ventana que se muestra en la siguiente imagen donde bastará con poner el nombre de la librería para que nuestro IDE la busque y nos dé la opción de instalarla.

Es posible que alguna librería en concreto no se localice mediante esta opción. No es lo habitual porque mediante esta ventana podemos encontrar las más frecuentes. No obstante, si no encontrásemos alguna, podemos localizarla en internet (suelen estar en Github o en la web del fabricante) y descargar el fichero zip que nos permitirá instalar la librería, mediante la opción del menú **Programa**, **Incluir Librería**, **Añadir Biblioteca Zip**.

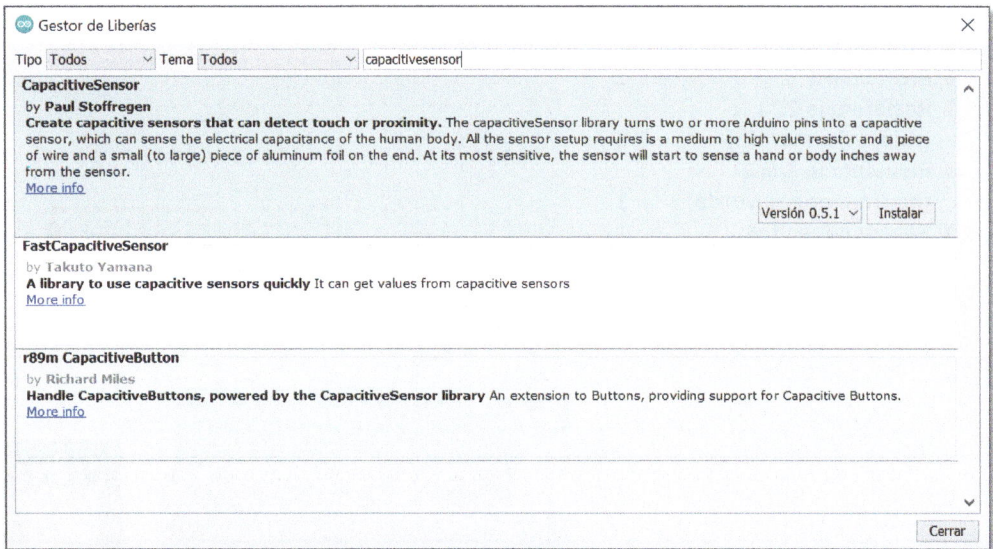

Ventana del gestor de librerías del IDE de Arduino

SENSORES CAPACITIVOS

La utilización de estos sensores está muy extendida y es frecuente en aplicaciones donde un dispositivo mecánico está sometido a mucho desgaste como, por ejemplo, la botonera de un ascensor.

Pero también es muy útil cuando necesitamos instalar un pulsador en zonas de humedad como saunas, piscinas, etc., porque no es necesario el contacto físico, se puede colocar el sensor detrás de una pieza aislada de plástico o de cristal, evitando así el peligro de una descarga eléctrica.

Vamos a ver un ejemplo práctico de cómo programaríamos un sensor de capacidad.

PRÁCTICA NÚMERO 34

Escribir un programa que encienda un led cuando el sensor capacitivo detecte presencia y lo apague cuando deje de detectar.

Deberá mostrar en la consola el valor de la lectura del sensor para facilitar el ajuste de la detección.

Podemos construir el sensor capacitivo con una lámina de papel de aluminio pegada a un cartón o a un plástico. De esa manera experimentaremos la detección por contacto y por proximidad.

Se necesitará el siguiente material:

- ■ Arduino Uno 1
- ■ Protoboard 1
- ■ Resistencia 220 Ω
  (rojo, rojo, marrón) 1
- ■ Resistencia 1 MΩ
  (marrón, negro, verde) 1
- ■ Sensor capacitivo 1
- ■ Led 1

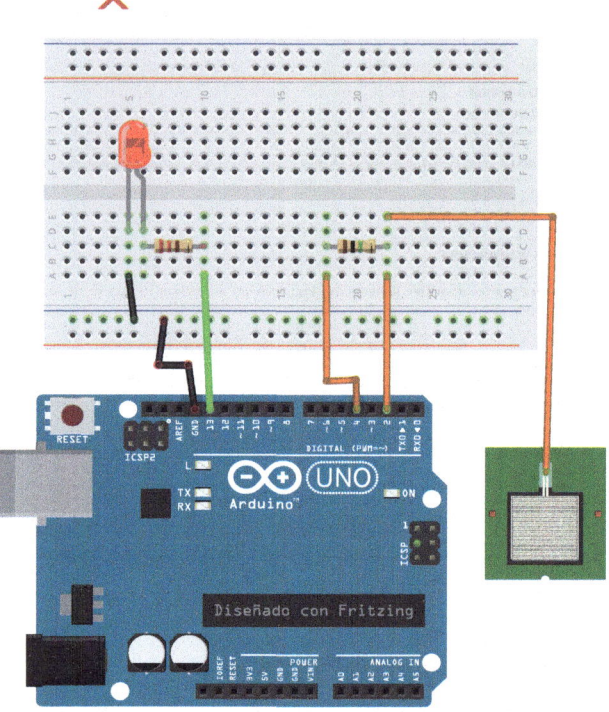

```
#include <CapacitiveSensor.h>        // Librería de control del sensor capacitivo
CapacitiveSensor Sensor = CapacitiveSensor(4,2);
                                     // Damos de alta un sensor capacitivo
                                     // de nombre "Sensor"

int Sensibilidad = 100;              // Umbral de disparo
const int ledPin = 13;               // Puerto del led indicador
long Lectura_del_sensor = 0;         // Variable para leer el sensor

void setup()
{
  Serial.begin(9600);                // Abre la comunicación con la consola
  pinMode(ledPin, OUTPUT);           // Define el puerto del led de salida
  digitalWrite(ledPin, LOW);         // Inicia el led apagado
}

void loop()
{
  Lectura_del_sensor = Sensor.capacitiveSensor(70);
                                     // Lee el sensor haciendo 70 mediciones
  Serial.print("Lectura del sensor ");  // Visualiza el texto en la consola
  Serial.println(Lectura_del_sensor);   // Muestra en la consola el valor leído

  if(Lectura_del_sensor > Sensibilidad) // Si la lectura supera el umbral
```

```
    {
        digitalWrite(ledPin, HIGH);        // Enciende el led
    }
    else                                    // Si la lectura no supera el umbral
    {
        digitalWrite(ledPin, LOW);         // Apaga el led
    }

    delay(300);                             // Breve pausa antes de reiniciar el ciclo
}
```

El valor de la lectura del sensor se visualiza en la consola. Esto nos permite ajustar el umbral de disparo variando el valor de la constante **Sensibilidad**. Cuanto menor sea este, antes se encenderá el led, pero también será más fácil que se encienda indebidamente por alguna circunstancia del entorno.

A igual valor de **Sensibilidad** la detección será mejor a medida que se aumente el número de mediciones en la instrucción.

Lectura_del_sensor = Sensor.capacitiveSensor(70);

Los parámetros del ejercicio son un buen punto de partida para el ajuste del sensor, pero dado que este se verá muy afectado por las condiciones del entorno, será necesario un poco de paciencia y probar con distintos valores para lograr el funcionamiento deseado.

PRÁCTICA NÚMERO 35

Conociendo la frecuencia de cada una de las notas podemos hacer un sencillo piano con la escala de 7 notas de la octava 3.

Para ello utilizaremos 7 sensores capacitivos que comparten el mismo puerto emisor y distintos puertos receptores, uno para cada uno de ellos.

Si se pulsa el sensor de cada nota, esta sonará mientras se mantenga la pulsación.

Si se pulsa más de una tecla a la vez o no se pulsa ninguna, el sonido se detendrá.

Necesitamos el siguiente material:
- **Arduino Uno** 1
- **Protoboard** 1
- **Resistencias de 1 MΩ (marrón, negro, verde)** ... 7
- **Sensores capacitivos** 7
- **Altavoz** 1

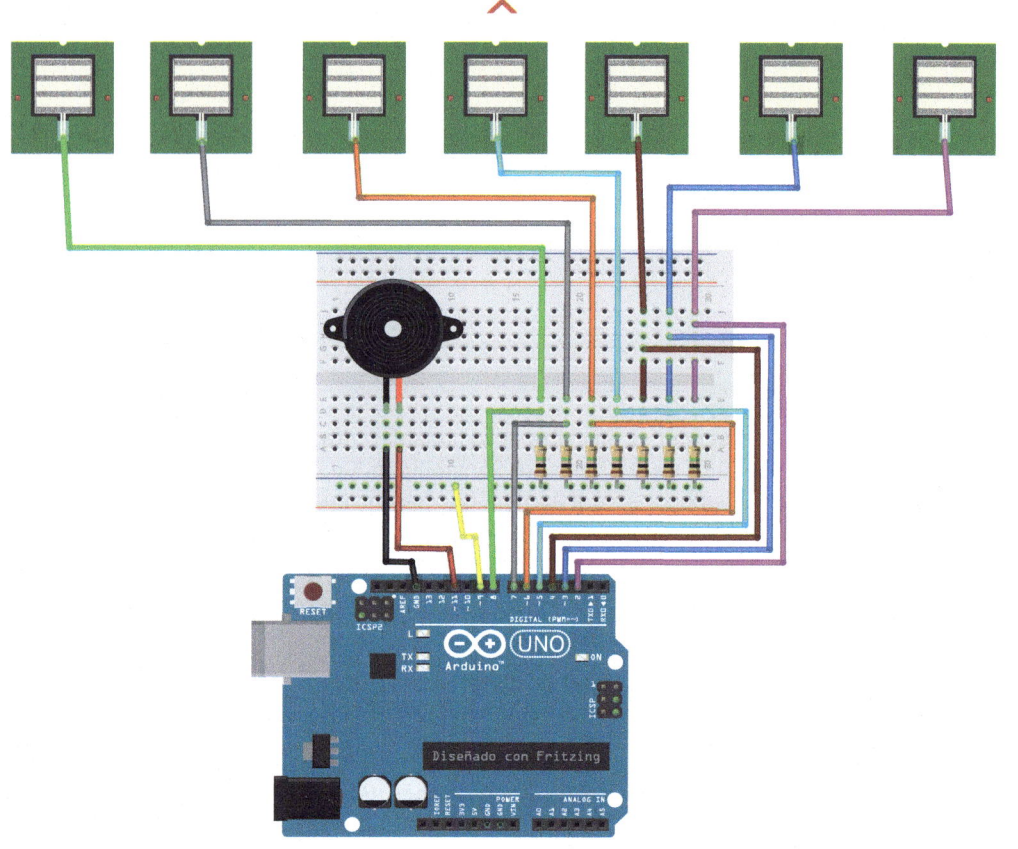

```
#include <CapacitiveSensor.h>  // Librería de control del sensor
CapacitiveSensor SensorDo = CapacitiveSensor(9,8);
                          // Damos de alta el sensor de la nota Do
CapacitiveSensor SensorRe = CapacitiveSensor(9,7);
                          // Damos de alta el sensor de la nota Re
CapacitiveSensor SensorMi = CapacitiveSensor(9,6);
                          // Damos de alta el sensor de la nota Mi
CapacitiveSensor SensorFa = CapacitiveSensor(9,5);
                          // Damos de alta el sensor de la nota Fa
CapacitiveSensor SensorSol = CapacitiveSensor(9,4);
                          // Damos de alta el sensor de la nota Sol
CapacitiveSensor SensorLa = CapacitiveSensor(9,3);
                          // Damos de alta el sensor de la nota La
CapacitiveSensor SensorSi = CapacitiveSensor(9,2);
                          // Damos de alta el sensor de la nota Si

const long Do = 261.63;   // Frecuencia de Do octava 3
const long Re = 293.66;   // Frecuencia de Re octava 3
```

```
const long Mi = 329.63;      // Frecuencia de Mi octava 3
const long Fa = 349.23;      // Frecuencia de Fa octava 3
const long Sol = 392.00;     // Frecuencia de Sol octava 3
const long La = 440.00;      // Frecuencia de La octava 3
const long Si = 493.88;      // Frecuencia de Si octava 3

const int Sensibilidad = 1000;  // Umbral de disparo del sensor (ajustar)
const int Muestras = 100;       // Mediciones que realiza (ajustar)
const int Zumbador = 11;        // Constante para el puerto del Zumbador

long Lectura_del_sensor = 0; // Variable para leer los sensores

bool TeclaDo = false;        // Variable para saber si el sensor de Do está activado
bool TeclaRe = false;        // Variable para saber si el sensor de Re está activado
bool TeclaMi = false;        // Variable para saber si el sensor de Mi está activado
bool TeclaFa = false;        // Variable para saber si el sensor de Fa está activado
bool TeclaSol = false;       // Variable para saber si el sensor de Sol está activado
bool TeclaLa = false;        // Variable para saber si el sensor de La está activado
bool TeclaSi = false;        // Variable para saber si el sensor de Si está activado

void setup()
{
   pinMode(Zumbador, OUTPUT); // Define el puerto del Zumbador como salida
}

void loop()
{
   LeerSensores();           // Función que lee los sensores
   CheckUnaTecla();          // Función que verifica qué sensor está activado
}

void LeerSensores()
{
   Lectura_del_sensor = SensorDo.capacitiveSensor(Muestras);
                             // Lee sensor de Do
   if(Lectura_del_sensor > Sensibilidad)
                             // Si está activado
      TeclaDo = true;        // Activación de Do es cierta
   else                      // Si no está activado
      TeclaDo = false;       // Activación de Do falsa

   Lectura_del_sensor = SensorRe.capacitiveSensor(Muestras);
                             // Lee sensor de Re
```

```
    if(Lectura_del_sensor > Sensibilidad)      // Si está activado
       TeclaRe = true;                         // Activación de Re es cierta
    else                                        // Si no está activado
       TeclaRe = false;                        // Activación de Re falsa

    Lectura_del_sensor = SensorMi.capacitiveSensor(Muestras);
                                                // Lee sensor de Mi
    if(Lectura_del_sensor > Sensibilidad)      // Si está activado
       TeclaMi = true;                         // Activación de Mi es cierta
    else                                        // Si no está activado
       TeclaMi = false;                        // Activación de Mi falsa

    Lectura_del_sensor = SensorFa.capacitiveSensor(Muestras);
                                                // Lee sensor de Fa
    if(Lectura_del_sensor > Sensibilidad)      // Si está activado
       TeclaFa = true;                         // Activación de Fa es cierta
    else                                        // Si no está activado
       TeclaFa = false;                        // Activación de Fa falsa

    Lectura_del_sensor = SensorSol.capacitiveSensor(Muestras);
                                                // Lee sensor de Sol
    if(Lectura_del_sensor > Sensibilidad)      // Si está activado
       TeclaSol = true;                        // Activación de Sol es cierta
    else                                        // Si no está activado
       TeclaSol = false;                       // Activacion de Sol falsa

    Lectura_del_sensor = SensorLa.capacitiveSensor(Muestras);
                                                // Lee sensor de La
    if(Lectura_del_sensor > Sensibilidad)      // Si está activado
       TeclaLa = true;                         // Activación de La es cierta
    else                                        // Si no está activado
       TeclaLa = false;                        // Activación de La falsa

    Lectura_del_sensor = SensorSi.capacitiveSensor(Muestras);
                                                // Lee sensor de Si
    if(Lectura_del_sensor > Sensibilidad)      // Si está activado
       TeclaSi = true;                         // Activación de Si es cierta
    else                                        // Si no está activado
       TeclaSi = false;                        // Activación de Si falsa

    delay(10);                                  // Breve pausa antes de reiniciar
                                                // el ciclo
}
```

```
void CheckUnaTecla()
{
  if (TeclaDo == true    &&      // Comprueba si solo está pulsado el Do y...
      TeclaRe == false   &&
      TeclaMi == false   &&
      TeclaFa == false   &&
      TeclaSol == false  &&
      TeclaLa == false   &&
      TeclaSi == false)

    tone(Zumbador, Do);          // Hace sonar un Do

  else                           // Si esta condición no se cumple

  if (TeclaDo  == false  &&      // Comprueba si solo está pulsado el Re y...
      TeclaRe  == true   &&
      TeclaMi  == false  &&
      TeclaFa  == false  &&
      TeclaSol == false  &&
      TeclaLa  == false  &&
      TeclaSi  == false)

    tone(Zumbador, Re);          // Hace sonar un Re

  else                           // Si esta condición no se cumple

  if (TeclaDo == false   &&      // Comprueba si solo está pulsado el Mi y...
      TeclaRe == false   &&
      TeclaMi == true    &&
      TeclaFa == false   &&
      TeclaSol == false  &&
      TeclaLa == false   &&
      TeclaSi == false)

    tone(Zumbador, Mi);          // Hace sonar un Mi

  else                           // Si esta condición no se cumple

  if (TeclaDo  == false  &&      // Comprueba si solo está pulsado el Fa y...
      TeclaRe == false   &&
      TeclaMi == false   &&
      TeclaFa == true    &&
      TeclaSol == false  &&
      TeclaLa == false   &&
```

```
      TeclaSi == false)

  tone(Zumbador, Fa);              // Hace sonar un Fa

  else                             // Si esta condición no se cumple

  if(TeclaDo == false    &&        // Comprueba si solo está pulsado el Sol y...
    TeclaRe == false    &&
    TeclaMi == false    &&
    TeclaFa == false    &&
    TeclaSol == true    &&
    TeclaLa == false    &&
    TeclaSi == false)

  tone(Zumbador, Sol);             // Hace sonar un Sol

  else                             // Si esta condición no se cumple

  if(TeclaDo == false    &&        // Comprueba si solo está pulsado el La y...
    TeclaRe == false    &&
    TeclaMi == false    &&
    TeclaFa == false    &&
    TeclaSol == false   &&
    TeclaLa == true     &&
    TeclaSi == false)

  tone(Zumbador, La);              // Hace sonar un La

  else                             // Si esta condición no se cumple

  if(TeclaDo  == false   &&        // Comprueba si solo está pulsado el Si y...
    TeclaRe == false    &&
    TeclaMi == false    &&
    TeclaFa == false    &&
    TeclaSol == false   &&
    TeclaLa == false    &&
    TeclaSi == true)

  tone(Zumbador, Si);              // Hace sonar un Si

  else                             // Si esta condición no se cumple

  noTone(Zumbador);                // Pone en silencio el zumbador
}
```

TEMA 13

- DETECCIÓN INFRARROJA
- SENSORES DE INFRARROJOS
- RESISTENCIAS DE PULL-UP INTERNAS DE ARDUINO
- DETECCIÓN MAGNÉTICA
- SENSORES MAGNÉTICOS REED

TEMA 13

DETECCIÓN INFRARROJA

> ¿Qué son los infrarrojos y cómo se detectan?

Si nos fijamos en los colores del arcoíris, a pesar de la creencia de que son siete, en realidad están todos los colores que es capaz de percibir el ojo humano, desde el rojo hasta el violeta. Estos colores tienen unas longitudes de onda de luz que van, aproximadamente, desde los 720 nanómetros del rojo hasta los 380 nanómetros del violeta.

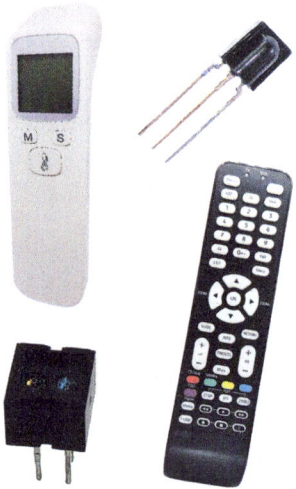

Pero en realidad hay más colores que los que vemos. Por encima del violeta están los llamados "ultravioletas" y por debajo del rojo los "infrarrojos", que abarcan longitudes de onda desde el rojo del espectro visible hasta 1 milímetro.

La radiación infrarroja es fundamental para la vida en la tierra, tanto, que representa casi la mitad de la energía que nos llega del sol.

Los infrarrojos tienen muchas aplicaciones en la industria, la ciencia, la medicina... y permiten desarrollar aplicaciones muy variadas como visores nocturnos, termómetros, mandos a distancia para todo tipo de electrodomésticos, detección de enfermedades, observación del espacio... y un largo etcétera.

SENSORES DE INFRARROJOS

Existen muchos tipos de **sensores de infrarrojos** según sea la aplicación a la que van destinados. Para nuestras prácticas vamos a utilizar un sensor compuesto por un led emisor de infrarrojos, un fotodiodo capaz de captarlos y un circuito LM393 que nos permite comparar la señal que le llega al fotodiodo, con un umbral de disparo que ajustamos con el potenciómetro que tiene el sensor.

Cuando el haz de infrarrojos que manda el diodo emisor se refleje en un objeto cercano, retornará al sensor y será captado por el fotodiodo, si esta señal supera el umbral de disparo fijado en el potenciómetro, el sensor pondrá el puerto del Arduino al que está conectado en **LOW**.

Si ese haz de infrarrojos incide en una superficie negra **podría no detectarla** (dependiendo de cómo esté ajustado el potenciómetro), ya que el color negro absorbe mucho la radiación. Basándonos en esta propiedad podemos construir robots "siguelíneas", porque podemos identificar cuándo el sensor se sale de la zona negra.

Veamos cómo funciona de manera práctica.

PRÁCTICA NÚMERO 36

Vamos a hacer un programa que nos envíe un mensaje a la consola cuando detecte un objeto pasando delante del sensor de infrarrojos.

Para ello, necesitaremos:

- **Arduino Uno** 1
- **Protoboard** 1
- **Resistencia de 10 kΩ (marrón, negro, naranja)** 1
- **Sensor de infrarrojos** 1

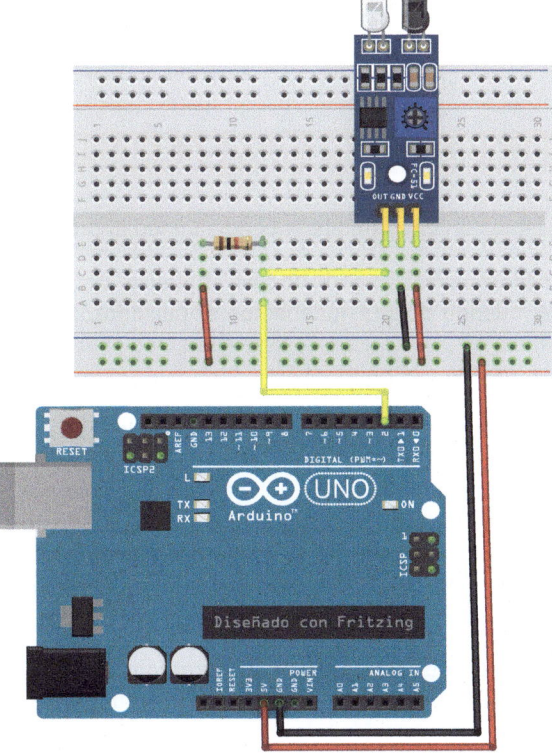

```
const int Infrarrojos = 2;          // Constante de nombre de puerto
int Sensor = 0;                     // Variable de lectura del sensor

void setup()
{
  Serial.begin(9600);               // Abre la comunicación con la consola
  pinMode(Infrarrojos, INPUT);      // Puerto del sensor como entrada
  Serial.println("Empieza a detectar");  // Texto informativo
}

void loop()
{
  Sensor = digitalRead(Infrarrojos);    // Lectura del sensor

  if (Sensor == LOW)                // LOW significa que está detectando
  {                                 // Si ha detectado
    Serial.println("Detectado un objeto");  // Texto informativo
    delay(1000);                    // Pausa de 1 seg. antes de nueva detección
  }
}
```

RESISTENCIAS DE PULL-UP INTERNAS DE ARDUINO

En la práctica 5, montamos un circuito que encendía un led al presionar un pulsador.

Al accionar este pulsador, aplicábamos 5 Vcc en el puerto 12. Para asegurarnos que ese puerto estaba a LOW cuando no presionábamos el pulsador, lo conectábamos a GND a través de una resistencia de 10 kΩ. Esta resistencia se colocaba para no cortocircuitar la alimentación al aplicar los 5 Vcc al puerto 12.

También vimos que estas resistencias reciben el nombre de "resistencia de PULL-DOWN". En la práctica 36 tenemos algo parecido a lo que vimos con el pulsador, solo que aplicando la resistencia al positivo. Cuando el sensor se activa, conecta el puerto 2 a GND, dándole valor LOW (0 lógico). Por tanto, cuando el sensor no está activado, debemos estar seguros de que está a valor HIGH (un 1 lógico) y para eso lo conectamos a 5 Vcc. Pero lo conectamos a través de una resistencia de 10 kΩ para evitar cortocircuitar la alimentación cuando el sensor conecte el puerto 2 a GND.

Como esta resistencia está conectada al positivo recibe el nombre de "**resistencia de PULL-UP**" en vez de "resistencia de PULL-DOWN" que es el nombre que se les da cuando se utilizan para conectar a GND.

La gran ventaja de las resistencias de PULL-UP, es que arduino **ya las tiene instaladas** internamente, por lo que no resulta necesario montarlas, basta con declarar el puerto de entrada como **INPUT_PULLUP**.

Vamos a ver cómo se haría la práctica anterior utilizando las resistencias internas de PULL-UP.

NOTA: Con algunos sensores no es necesario el uso de una conexión PULL-UP o PULL-DOWN. No obstante, si no estamos seguros de su comportamiento en ambos estados lógicos, lo mejor es montarlas para evitar comportamientos inesperados del puerto.

PRÁCTICA NÚMERO 37

Vamos a modificar el programa de la práctica anterior, para eliminar la resistencia interna declarando el puerto de entrada del sensor como **INPUT_PULLUP**.

Para ello vamos a necesitar:

- **Arduino Uno** 1
- **Protoboard** 1
- **Sensor de infrarrojos** 1

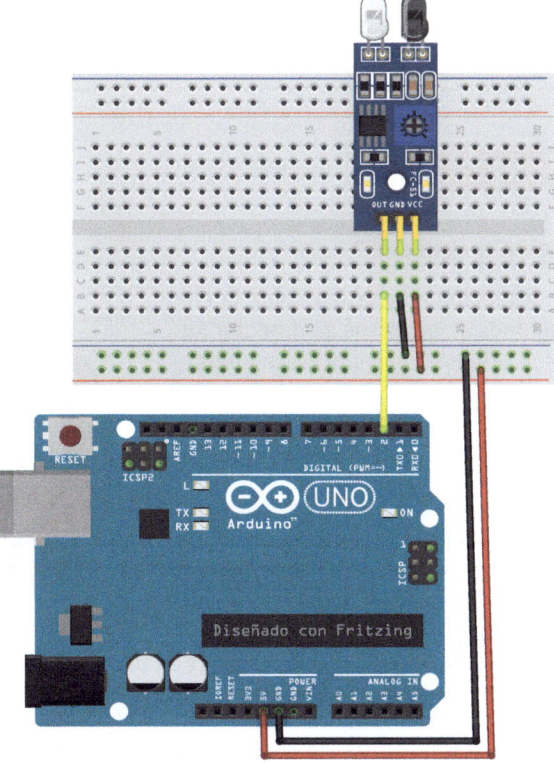

```
const int Infrarrojos = 2;               // Constante de nombre de puerto
int Sensor = 0;                          // Variable de lectura del sensor

void setup()
{
  Serial.begin(9600);                    // Abre la comunicación con la consola
  pinMode(Infrarrojos, INPUT_PULLUP);    // Puerto del sensor como entrada PULL-UP
  Serial.println("Empieza a detectar");  // Texto informativo
}

void loop()
{
  Sensor = digitalRead(Infrarrojos);     // Lectura del sensor

  if(Sensor == LOW)                      // LOW significa que está detectando
  {                                      // Si ha detectado
    Serial.println("Detectado un objeto"); // Texto informativo
    delay(1000);                         // Pausa de 1 seg. antes de nueva detección
  }
}
```

DETECCIÓN MAGNÉTICA

> ¿Qué es la detección magnética?

Podríamos definir la **detección magnética** como la capacidad que tienen algunos dispositivos de detectar los campos magnéticos, su orientación y sus variaciones.

La utilidad y las aplicaciones de la detección magnética son empleadas desde hace siglos, basta citar como ejemplo la brújula. En la actualidad, sus aplicaciones abarcan todos los campos de la ciencia y la industria. En medicina, por ejemplo, la resonancia magnética ha supuesto un gran avance, al permitir obtener imágenes tridimensionales de zonas del cuerpo humano que, con otros métodos de exploración, no se pueden ver con tanta claridad y todo ello sin someterlo a ningún tipo de radiación.

En función de cada una de esas aplicaciones, se utilizan sensores de diversa clase. Para nuestras prácticas vamos a utilizar los sensores reed, un tipo de sensores muy comunes utilizados en múltiples aplicaciones como el control de apertura en puertas y ventanas.

SENSORES MAGNÉTICOS REED

Los sensores **reed** son unos interruptores que se accionan mediante un campo magnético. Están construidos con dos lengüetas de un metal magnético encerrado dentro de un tubo de vidrio sellado al vacío.

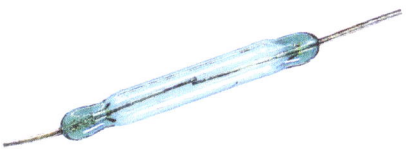

Esta forma de construcción los hace muy adecuados en atmósferas con riesgo de explosión, ya que la pequeña chispa que pudiese producirse al abrir o cerrar los contactos estaría aislada en el interior del tubo.

Su funcionamiento es muy sencillo. Si los sometemos a un campo magnético, sus lengüetas se atraen entre sí cerrando el contacto. Al cesar su exposición a dicho campo magnético, cesa la atracción entre sus lengüetas que, al retornar a su posición inicial, abren el circuito.

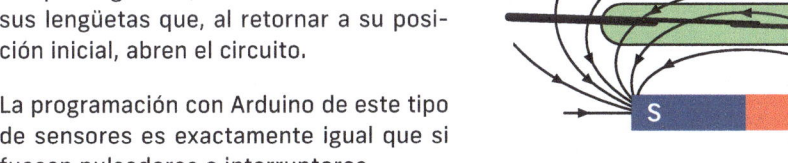

La programación con Arduino de este tipo de sensores es exactamente igual que si fuesen pulsadores o interruptores.

Para simplificar los circuitos, utilizaremos las resistencias internas de PULL-UP definiendo el puerto donde va conectado nuestro sensor Reed como de **INPUT_PULLUP**.

PRÁCTICA NÚMERO 38

Vamos a escribir un programa que al aproximar un imán a un sensor reed encienda el led 13 de la placa Arduino y que se apague al alejar dicho imán, declarando el puerto de entrada del sensor como **INPUT_PULLUP**.

NOTA: Al led de la placa del puerto 13 también podemos llamarlo **LED_BUILTIN**.

Necesitamos:

- ■ **Arduino Uno** 1
- ■ **Protoboard** 1
- ■ **Sensor Reed** 1
- ■ **Imán** 1

```
const int Reed = 11;                    // Constante de nombre de puerto

void setup()
{
  pinMode(LED_BUILTIN, OUTPUT);         // Puerto del led como salida
  pinMode(Reed, INPUT_PULLUP);          // Puerto del Reed como entrada PULL-UP
}

void loop()
{
  if(digitalRead(Reed) == LOW)          // LOW significa que está conectado
  digitalWrite(LED_BUILTIN, HIGH);      // Enciende el led de la placa
else
  digitalWrite(LED_BUILTIN, LOW);       // Apaga el led de la placa
}
```

TEMA 14

- ENVIANDO DATOS A ARDUINO DESDE LA CONSOLA DEL PC
- LECTURA DE CARACTERES
- EL CÓDIGO ASCII
- LECTURA DE DATOS NUMÉRICOS
- LOS PUERTOS 0 Y 1

TEMA 14

ENVIANDO DATOS A ARDUINO DESDE LA CONSOLA DEL PC

Ya hemos visto en numerosos ejercicios, que Arduino puede escribir información en el puerto serie, que luego es mostrada en la pantalla de la consola del IDE de Arduino que tenemos instalado en nuestro PC.

Es una funcionalidad muy útil para obtener información acerca de la ejecución del programa instalado.

Esta consola tiene en su parte superior una línea de comandos (marcado con 1 en la imagen de la página 64) desde la que podemos enviar información a la placa Arduino. De esta manera podríamos, por ejemplo, encender y apagar luces, poner o quitar la calefacción, subir o bajar persianas, etc., desde el teclado de nuestro ordenador utilizando una placa Arduino.

LECTURA DE CARACTERES

Los datos que envía la consola se envían de carácter en carácter. Esto quiere decir que, si tecleamos HOLA, Arduino no recibirá la palabra HOLA sino una sucesión de 4 códigos ASCII que corresponden a los caracteres H, O, L y A.

Más adelante explicaremos lo que significan los códigos ASCII.

Veamos un ejemplo práctico.

PRÁCTICA NÚMERO 39

Escribamos un programa que lea del puerto serie la información que le enviamos desde la línea de comandos y a continuación nos muestre la información leída en la consola.

Para ello, necesitaremos:

■ **Arduino Uno** 1

⌄

```
void setup()
{
    Serial.begin(9600);          // Abre la comunicación con la consola
}

void loop()
{
    if(Serial.available())        // Detecta si hay datos para leer en la consola
    {
        char dato = Serial.read();   // Crea una variable local tipo carácter y le asigna
                                     // el valor leído
        Serial.print("El dato tecleado en la consola es ");
                                     // Visualiza un texto en la consola
        Serial.println(dato);        // Visualiza el dato leído en la consola
    }
}
```

Si tecleamos en la consola HOLA obtendremos este resultado en la consola del IDE de Arduino:

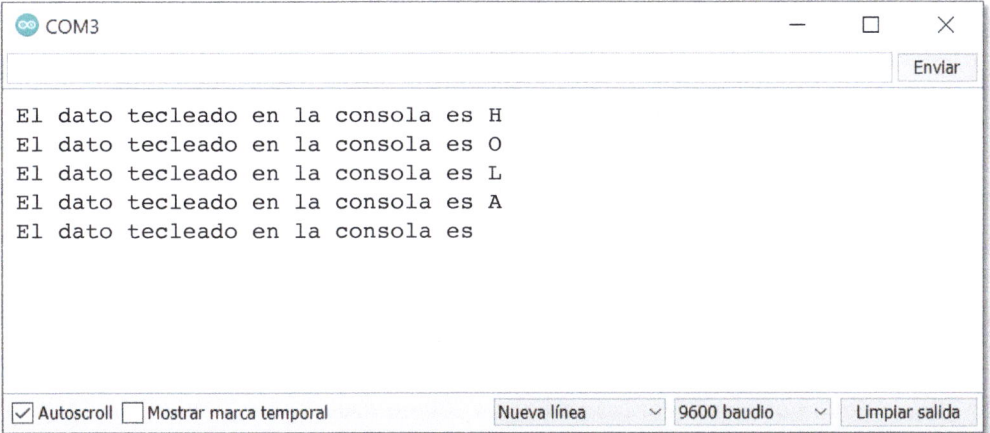

Como ya hemos explicado, la lectura del puerto serie es secuencial, es decir, un carácter tras otro. Por lo tanto, nuestro programa ha leído los caracteres uno tras otro y los ha ido mostrando en la consola mientras ha habido datos pendientes de leer.

¿Por qué después de la "A" nos muestra un mensaje sin carácter?

La respuesta es que el último carácter leído corresponde a un código ASCII, no visualizable. Vamos a ver qué es esto.

EL CÓDIGO ASCII

> ¿Qué es el Código ASCII?

El **código ASCII** toma su nombre de las siglas en inglés del Código Estándar Norteamericano de Intercambio de Información (*American Standard Code for Information Interchange*) creado en 1963 y que está basado en el alfabeto latino.

Los ordenadores solo procesan ceros y unos y el código ASCII permite asociar de manera estándar códigos de 7 bits (un byte tiene 8 bits, ASCII utilizaba 7 de información y uno de detección de errores) a los caracteres alfabéticos, numéricos, signos de puntuación y códigos de control. Estos últimos no son visualizables.

Más tarde se creó el ASCII ampliado, que extendía la codificación de los caracteres a los 8 bits del Byte.

LOW ASCII

0		13	♪	26	→	39	'	52	4	65	A	78	N	91	[	104	h	117	u
1	☺	14	♫	27	←	40	(	53	5	66	B	79	O	92	\	105	i	118	v
2	●	15	☼	28	∟	41	)	54	6	67	C	80	P	93	]	106	j	119	w
3	♥	16	►	29	↔	42	*	55	7	68	D	81	Q	94	^	107	k	120	x
4	♦	17	◄	30	▲	43	+	56	8	69	E	82	R	95	_	108	l	121	y
5	♣	18	↕	31	▼	44	,	57	9	70	F	83	S	96	`	109	m	122	z
6	♠	19	‼	32		45	-	58	:	71	G	84	T	97	a	110	n	123	{
7	•	20	¶	33	!	46	.	59	;	72	H	85	U	98	b	111	o	124	|
8	◘	21	§	34	"	47	/	60	<	73	I	86	V	99	c	112	p	125	}
9	○	22	▬	35	#	48	0	61	=	74	J	87	W	100	d	113	q	126	~
10	◙	23	↨	36	$	49	1	62	>	75	K	88	X	101	e	114	r	127	⌂
11	♂	24	↑	37	%	50	2	63	¿	76	L	89	Y	102	f	115	s		
12	♀	25	↓	38	&	51	3	64	@	77	M	90	Z	103	g	116	t		

HIGH ASCII

128	Ç	141	ì	154	Ü	167	º	180	┤	193	┴	206	╬	219	█	232	Þ	245	§
129	ü	142	Ä	155	ø	168	¿	181	Á	194	┬	207	¤	220	▄	233	Ú	246	÷
130	é	143	Å	156	£	169	®	182	Â	195	├	208	ð	221	¦	234	Û	247	
131	â	144	É	157	Ø	170	¬	183	À	196	─	209	Ð	222	Ì	235	Ù	248	°
132	ä	145	æ	158	×	171	½	184	©	197	┼	210	Ê	223	▀	236	ý	249	¨
133	à	146	Æ	159	ƒ	172	¼	185	╣	198	ã	211	Ë	224	Ó	237	Ý	250	·
134	å	147	ô	160	á	173	¡	186	║	199	Ã	212	È	225	ß	238	¯	251	¹
135	ç	148	ö	161	í	174	«	187	╗	200	╚	213	ı	226	Ô	239	´	252	³
136	ê	149	ò	162	ó	175	»	188	╝	201	╔	214	Í	227	Ò	240		253	²
137	ë	150	û	163	ú	176	░	189	¢	202	╩	215	Î	228	õ	241	±	254	■
138	è	151	ù	164	ñ	177	▒	190	¥	203	╦	216	Ï	229	Õ	242	_	255	
139	ï	152	ÿ	165	Ñ	178	▓	191	┐	204	╠	217	┘	230	µ	243	¾		
140	î	153	Ö	166	ª	179	│	192	└	205	═	218	┌	231	þ	244	¶		

> ¿Cómo podemos visualizar los códigos ASCII en Arduino?

En la práctica 36 veíamos estas dos instrucciones:

```
char dato = Serial.read();
Serial.println(dato);
```

Si solamente queremos visualizar el carácter leído en la consola, ¿por qué no utilizar esta otra más sencilla?

```
Serial.println(Serial.read());
```

Pues el motivo es que, al no almacenar el dato leído en una variable tipo **char**, Arduino no transforma en un carácter el código ASCII recibido y nos lo muestra tal como lo ha leído, es decir, un código ASCII.

PRÁCTICA NÚMERO 40

Escribamos un programa que lea del puerto serie la información que le enviamos desde la línea de comandos y a continuación nos muestre la información leída en la consola en código ASCII.

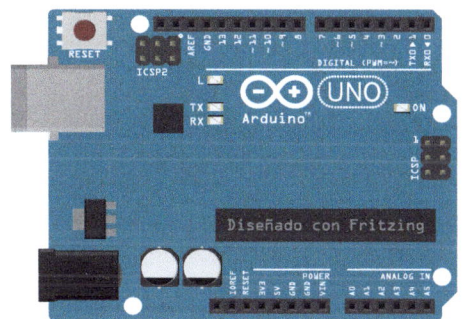

Necesitaremos:

- **Arduino Uno** **1**

```
void setup()
{
    Serial.begin(9600);              // Abre la comunicación con la consola
}

void loop()
{
    if(Serial.available())           // Detecta si hay datos para leer en la consola
    {
        Serial.print("El código ASCII del carácter es ");
                                     // Visualiza un texto en la consola
        Serial.println(Serial.read());  // Visualiza el dato leído en la consola
    }
}
```

Si tecleamos en la consola HOLA, el IDE de Arduino mostrará este resultado:

```
COM3                                              —    □    ×
                                                         Enviar
El código ASCII del carácter es 72
El código ASCII del carácter es 79
El código ASCII del carácter es 76
El código ASCII del carácter es 65
El código ASCII del carácter es 10

☑ Autoscroll ☐ Mostrar marca temporal    Nueva línea ▼  9600 baudio ▼  Limpiar salida
```

Comprobamos que, al no transformar el código leído en un carácter, lo que visualizamos son los códigos ASCII 72, 79, 76 y 65 correspondientes a las letras tecleadas (HOLA) y el código 10 que corresponde a haber pulsado la tecla Enter (Line Feed) después de teclear HOLA y que no era visualizable en modo carácter por ser un código de control.

LECTURA DE DATOS NUMÉRICOS

Si enviamos desde la consola un número de varias cifras y Arduino lo lee de carácter en carácter, ¿cómo podemos tener el número correctamente?

Para resolver este problema tenemos la instrucción:

```
Serial.readString().toInt();
```

Esta instrucción convierte en un número todos los caracteres numéricos que escribamos en la consola.

NOTA: toInt es to int, no confundir con toLnt.

Veamos un ejemplo.

PRÁCTICA NÚMERO 41

Nuestro programa leerá del puerto serie un número de varias cifras y lo mostrará en la consola.

Necesitamos:

■ **Arduino Uno** **1**

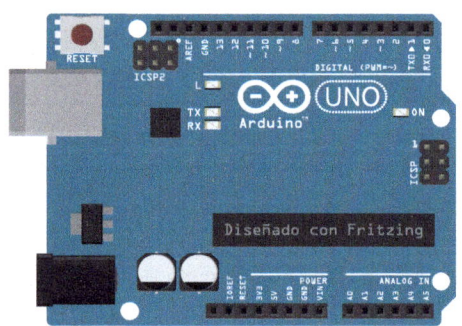

```
void setup()
{
   Serial.begin(9600);              // Abre la comunicación con la consola
}

void loop()
{
```

```
if(Serial.available())                    // Detecta si hay datos para leer
                                          // en la consola
{
   long numero = Serial.readString().toInt();
                                          // Asigna a número los caracteres leídos
                                          // y transformados a cifra numérica
   Serial.print("El número leído es ");   // Visualiza un texto en la consola
   Serial.println(numero);                // Visualiza el dato leído en la consola
}
}
```

Si tecleamos en la consola, por ejemplo, el número 23741 y damos a "enviar" nos aparece la siguiente imagen en la consola de Arduino® IDE:

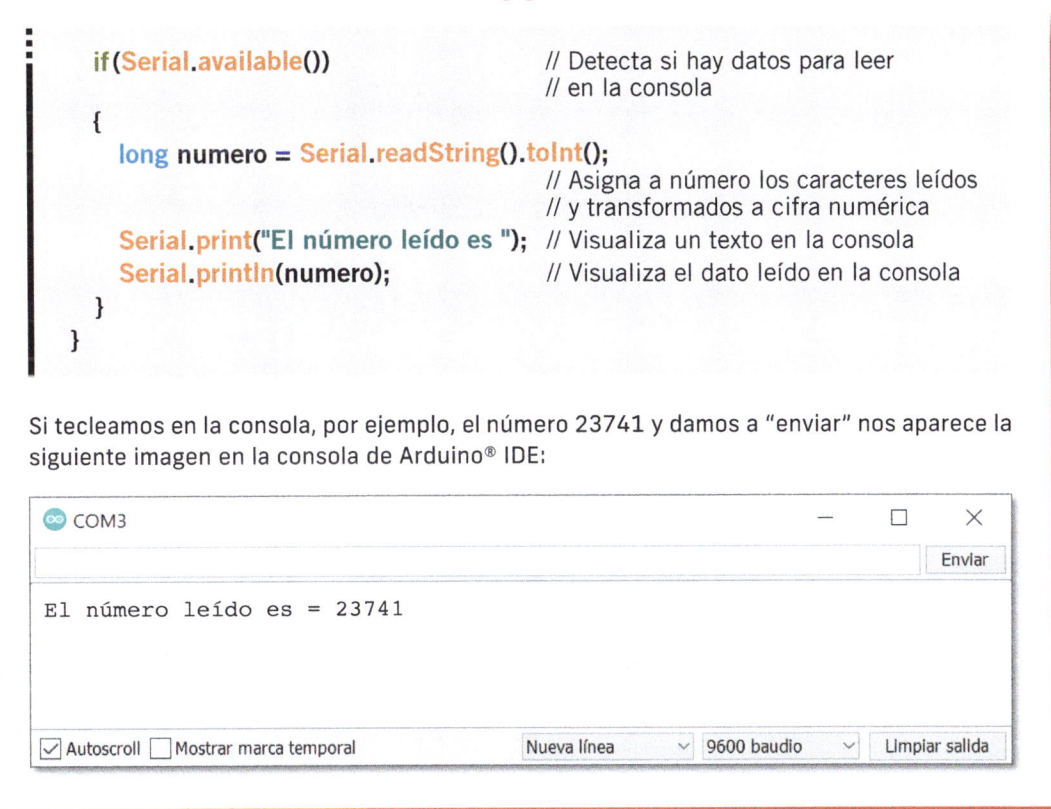

Después de estas prácticas ya ha quedado claro el envío y la recepción de datos desde la consola del IDE hacia la placa de Arduino.

Ahora vamos a hacer dos prácticas de control de un dispositivo, enviando un carácter y enviando un número.

PRÁCTICA NÚMERO 42

Escribir un programa que lea del puerto serie.

Si enviamos en la consola una "e" (de encender) activará un relé y si recibe una "a" (de apagar) lo desactivará.

Necesitamos:

- **Arduino Uno** 1
- **Protoboard** 1
- **Relé mecánico** 1

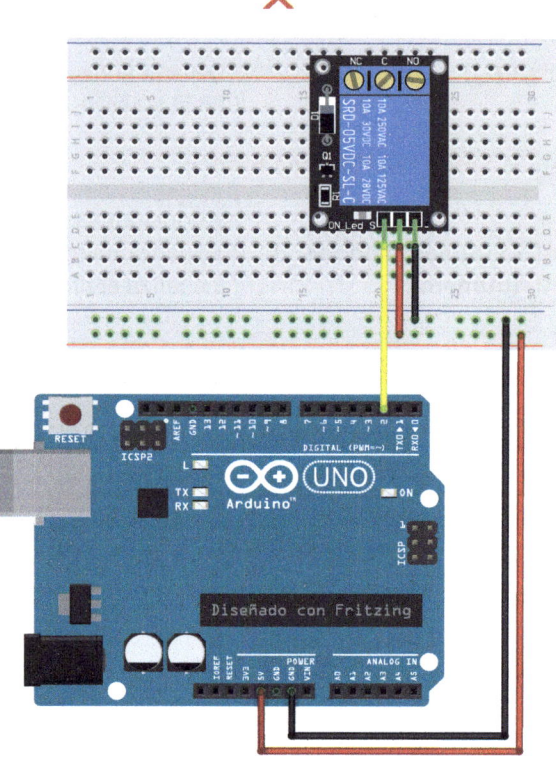

```
const int Rele = 2;            // Puerto en el que se conecta el relé
char data = 0;                 // Variable para la lectura del puerto serie

void setup()
{
  Serial.begin(9600);          // Abre la comunicación con la consola
  pinMode(Rele, OUTPUT);       // Define el puerto del relé como salida
  digitalWrite(Rele, HIGH);    // Inicializa el relé apagado
}

void loop()
{
  data = Serial.read();
  if(data == 'e')              // Si el carácter leído es una "e" de encender
    digitalWrite(Rele, LOW);   // activa el relé
  if(data == 'a')              // Si el carácter leído es una "a" de apagar
    digitalWrite(Rele, HIGH);  // desactiva el relé
}
```

PRÁCTICA NÚMERO 43

Escribir un programa que lea un número del puerto serie y haga lo siguiente:

1/ Si el número está entre 10 y 170, situar un relé a ese ángulo.

2/ Si el número leído está fuera de este rango, visualizar un mensaje de error en la consola.

Necesitaremos:

- **Arduino Uno** 1
- **Protoboard** 1
- **Servo oscilante de 180°** 1

```
#include <Servo.h>              // Incluimos la librería de manejo de servos
Servo Prueba;                   // Definimos el servo "Prueba"
int Angulo = 0;                 // Variable para leer el ángulo

void setup()
{
  Serial.begin(9600);           // Abre la comunicación con la consola
  Prueba.attach(9);             // Asignamos el servo Prueba al puerto 9
}

void loop()
{
  Serial.println("Introduzca un número de 10 a 170");
                                // Texto de indicación
```

```
Serial.println(" ");                        // Línea en blanco

while (Serial.available() <= 0);            // Espera hasta tener algo que
                                            // leer en el puerto serie
Angulo = Serial.readString().toInt();       // Lee el ángulo del puerto serie

if(Angulo < 10)                             // Si tecleamos un ángulo de
{                                           // menos de 10º error
   Serial.print("Error, el número ");       // Texto de error
   Serial.print(Angulo);                    // Número introducido
   Serial.println(" está fuera de rango");  // Texto de error y salto de línea
}

else                                        // En otro caso
   if(Angulo > 170)                         // Si tecleamos un ángulo de
   {                                        // más de 170º error
      Serial.print("Error, el número ");    // Texto de error
      Serial.print(Angulo);                 // Número introducido
      Serial.println(" está fuera de rango"); // Texto de error y salto de línea
   }

   else                                     // En otro caso
   {                                        // El ángulo está entre 10 y 170 grados
      Serial.print("Posicionando el servo a "); // Texto informativo
      Serial.print(Angulo );                // Número introducido
      Serial.println(" grados");            // Texto informativo y salto de línea
      Serial.println(" ");                  // Línea en blanco
      Prueba.write(Angulo);                 // Sitúa el servo a Ángulo grados
   }
}
```

LOS PUERTOS 0 Y 1

> **¿Qué tienen de especial los puertos 0 y 1 de nuestro Arduino?**

La placa Arduino UNO está basada en el microcontrolador ATmega328, que utiliza para sus comunicaciones un protocolo muy simple aunque muy limitado que se llama TTL. Sin embargo, para conectar la placa Arduino al PC utilizamos una conexión USB con un protocolo mucho más potente y sofisticado. Para realizar esta conversión en los protocolos de comunicaciones, la placa Arduino cuenta con el chip ATmega16u2 (marcado con un círculo rojo en la imagen).

El ATmega328 se comunica con el ATmega16u2 usando los puertos 0 (RX) y 1 (TX).

Lógicamente, mientras nuestro programa esté escribiendo o leyendo de la consola, los puertos 0 y 1 no podrán utilizarse en nuestras aplicaciones porque estarán ocupados "hablando" con el ATmega16u2, que a su vez estará en comunicación con el PC a través de la conexión USB.

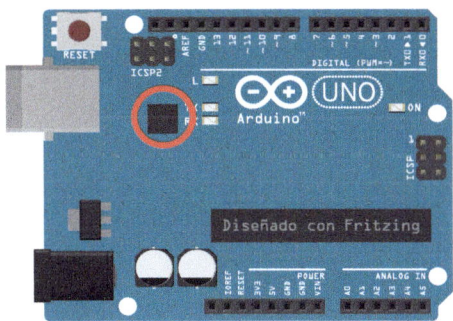

Si no tenemos ninguna comunicación con la consola, los puertos 0 y 1 podrán ser utilizados como cualquier otro de la placa.

Si necesitamos comunicar con la consola y abrimos las comunicaciones con **Serial.begin** (9600); antes de utilizar los puertos 0 y 1 en otras tareas, deberemos cerrar la comunicación serie con el comando **Serial.end**();.

¡Toma nota!

TEMA 15

VISUALIZACIÓN DE DATOS CON DISPLAYS LCD

INTERFAZ I2C

TEMA 15

VISUALIZACIÓN DE DATOS CON DISPLAYS LCD

Hasta ahora hemos visto que, si nuestra aplicación necesitaba enviar un mensaje al usuario, teníamos que tener conectada la placa Arduino al puerto USB de nuestro PC. De esta manera podíamos recibir esos mensajes desde la consola del IDE de Arduino.

Esta situación no siempre será posible. Los microcontroladores están pensados para trabajar de manera independiente y sus aplicaciones prácticas son innumerables. Imaginemos, por ejemplo, una máquina que despacha bebidas.

Para ello, existen muchos tipos de display que podremos usar en nuestras aplicaciones con Arduino, pero los más comunes son los basados en el controlador Hitachi HD44780, que tienen una entrada de 4/8 bits en paralelo y se caracterizan principalmente por el número de caracteres que son capaces de visualizar. Los más frecuentes son del tipo "8x1", "16x2", "20x4", estos números significan "Número de columnas de caracteres en cada fila x el Número de filas". Para estas prácticas vamos a utilizar un display tipo LCD de dos filas de 16 caracteres por fila (16x2).

> ¿Cómo conectamos un display LCD a Arduino?

El display es muy fácil de controlar con Arduino gracias a la librería LiquidCrystal. Vamos a ver los pines de conexión del LCD y cómo conectarlos a Arduino.

Vss .... Conexión a GND.

Vdd .... Conexión a 5 Vcc.

VO .... Contraste regulable del LCD, conectar al cursor de un potenciómetro. Los extremos del potenciómetro se conectarán a GND y a 5 Vcc como vimos en el tema 4.

RS .... Selección de Registro. 0, Registro de comandos escritura y 1, Registro de datos de lectura y escritura.

R/W .... (Read/Write) 0 para leer y 1 para escribir.

Enable (Permitir) .... Un 1 indica el inicio de una operación y 0 desactiva todo.

D0 .... No conectado.

D1 .... No conectado.

D2 .... No conectado.

D3........................No conectado.
D4........................Bus de datos de 4 bits (bit menos significativo).
D5........................Bus de datos de 4 bits.
D6........................Bus de datos de 4 bits.
D7........................Bus de datos de 4 bits (bit más significativo).
A........................Ánodo del led de retroiluminación. Conectar a 5 Vcc con R 220 Ω.
K........................Cátodo del led de retroiluminación. Conectar a GND.

PRÁCTICA NÚMERO 44

Vamos a ver un ejemplo básico del uso del display, con un programa que:

1/ Escribe estos textos en las dos líneas: · Línea 0 `Primera linea y`
                                                  · Línea 1 `Segunda linea`

2/ Espera 5 segundos y limpia la pantalla.

3/ Espera un segundo y empieza de nuevo.

NOTA: El juego de caracteres del LCD no reconoce los acentos. Las columnas del LCD se numeran del 0 al 15 y las filas del 0 al 1.

Vamos a necesitar:

- **Arduino Uno** 1
- **Protoboard**..1
- **Potenciómetro** 1
- **Resistencia de 220 Ω (rojo, rojo, marrón)** 1
- **Display LCD de 16x2** 1

> **IMPORTANTE:** Si al conectar el LCD no se ven caracteres **REVISAR EL AJUSTE DEL POTENCIÓMETRO.**

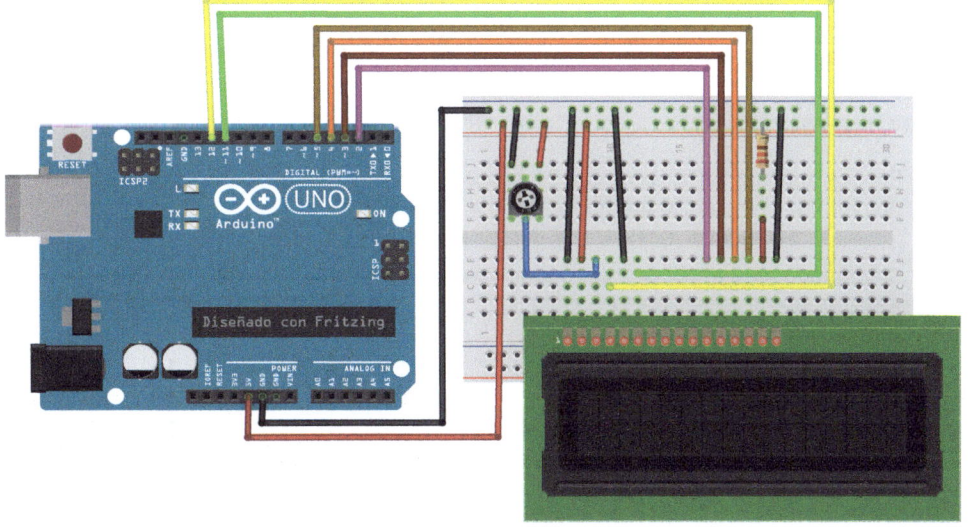

```
#include <LiquidCrystal.h>          // Incluimos la librería de manejo del LCD
LiquidCrystal lcd(12, 11, 2, 3, 4, 5);  // Indicamos los puertos de conexión del LCD

void setup()
{
  lcd.begin(16, 2);                 // Iniciamos un LCD de 16 columnas y 2 filas
  lcd.clear();                      // Limpiamos la pantalla
}

void loop()
{
  lcd.setCursor(0, 0);              // Sitúa el cursor en la primera columna
                                    // primera fila
  lcd.print("Primera linea y ");    // Texto primera fila
  lcd.setCursor(0, 1);              // Sitúa el cursor en la primera columna
                                    // segunda fila
  lcd.print("Segunda linea   ");    // Texto segunda fila
  delay(5000);                      // Pausa de 5 segundos
  lcd.clear();                      // Limpiamos la pantalla
  delay(1000);                      // Pausa de 1 segundo
}
```

Si queremos escribir un dato en una parte del display tendremos que situar el cursor en ese punto y borrar los caracteres que están en esa posición de manera manual.

Vamos a ver un ejemplo con un programa que realice una cuenta atrás.

PRÁCTICA NÚMERO 45

Escribir un programa que:

1/ Realice una cuenta atrás desde 20 hasta 0 y la visualice en el punto del texto marcado con XX: · Línea 0 `Cuenta atras`
· Línea 1 `Quedan XX Seg.`

2/ Se detenga en 0 durante 5 segundos y después borre la pantalla.

3/ Que espere un segundo antes de volver a empezar.

Vamos a necesitar:
- **Arduino Uno** 1
- **Protoboard** 1
- **Potenciómetro** 1
- **Resistencia de 220 Ω (rojo, rojo, marrón)** 1
- **Display LCD de 16x2** 1

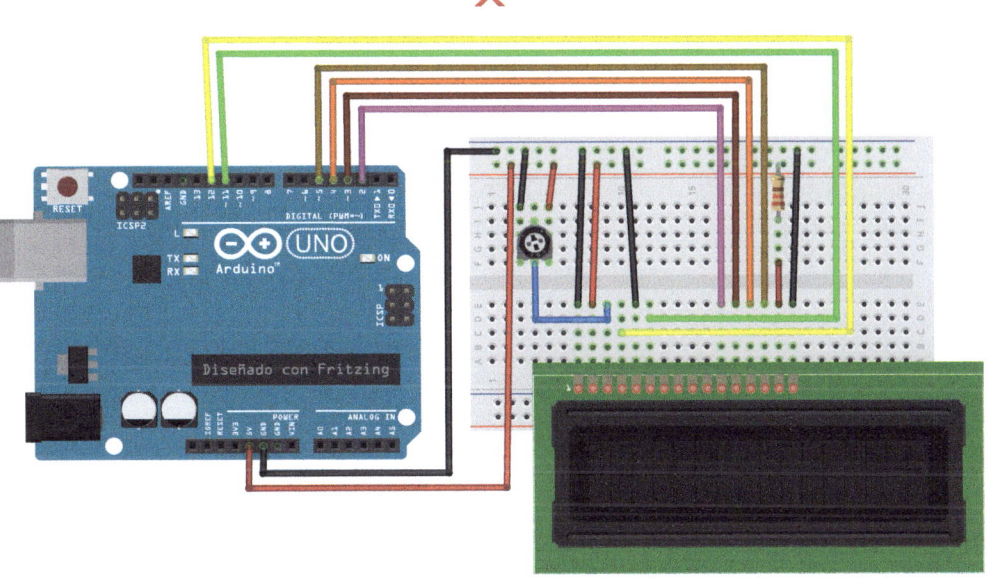

```
#include <LiquidCrystal.h>          // Incluimos la librería de manejo del LCD
LiquidCrystal lcd(12, 11, 2, 3, 4, 5);  // Indicamos los puertos de conexión del LCD

void setup()
{
  lcd.begin(16, 2);                 // Iniciamos un LCD de 16 columnas y 2 filas
  lcd.clear();                      // Limpiamos la pantalla
}

void loop()
{
  lcd.setCursor(0, 0);              // Sitúa el cursor en la primera columna
                                    // primera fila

  lcd.print("Cuenta atras     ");   // Texto primera fila
  lcd.setCursor(0, 1);              // Sitúa el cursor en la primera columna
                                    // segunda fila

  lcd.print("Quedan XX seg.  ");    // Texto segunda fila

  for(int i = 20; i >= 0; i--)      // Bucle de cuenta atrás desde 20 hasta 0
  {
    lcd.setCursor(7,1);             // Sitúa el cursor en la octava columna
                                    // segunda fila

    lcd.print("  ");                // Limpia esas dos posiciones del LCD
                                    // poniendo dos espacios*

    lcd.setCursor(7,1);             // Sitúa el cursor en la octava columna
                                    // segunda fila
```

⌃

```
        lcd.print(i);              // Muestra el contador
        delay(1000);               // Pausa de 1 segundo
    }

    delay(5000);                   // Pausa de 5 segundos
    lcd.clear();                   // Limpiamos la pantalla
    delay(1000);                   // Pausa de 1 segundo
}
```

> ***IMPORTANTE:** En la instrucción **lcd.print(" ")**, debemos poner dos espacios en blanco entre las comillas para limpiar las dos posiciones del display donde se visualizan los números de la cuenta atrás.

INTERFAZ I2C

Después de conectar nuestro display LCD directamente a Arduino, lo primero que observamos es que tenemos que dedicar seis puertos a esta conexión lo que limita la realización de proyectos que requieran el uso de un mayor número de puertos, además de lo laborioso que resulta el cableado del LCD.

Por este motivo vamos a utilizar una **interfaz de bus I2C** para conectar el LCD a nuestro Arduino.

> ¿Qué es el I2C?

El **I2C** es uno de los protocolos más utilizados para la comunicación interna de dispositivos electrónicos. Su nombre es el acrónimo de *Inter-Integrated Circuit*. Fue desarrollado por Phillips en 1982 y al haber sido utilizado por un amplio número de fabricantes, se ha convertido en un estándar del mercado.

La arquitectura de bus I2C cuenta con muchas ventajas técnicas respecto del puerto serie, pero a nosotros nos interesa sobre todo una, poder conectar un gran número de dispositivos utilizando dos únicos puertos para todos ellos, lo que en dispositivos como Arduino UNO es una gran ventaja.

> ¿Cómo se conecta el I2C con el LCD y con el Arduino?

Vamos a fijarnos en la imagen con la descripción de las conexiones de la interfaz I2C.

Este jumper, marcado en rojo, permite encender y apagar de manera física la luz del display LCD. También podemos regular el contraste de la pantalla con el potenciómetro de la imagen, marcado en verde. Su función es exactamente igual que la del potenciómetro que habíamos conectado al pin V0 del LCD en las dos prácticas anteriores.

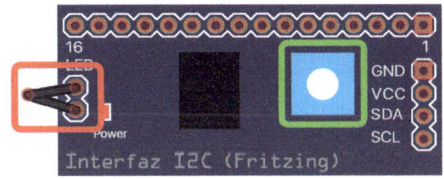

IMPORTANTE: Si al conectar el LCD no se ven caracteres **REVISAR EL AJUSTE DEL POTENCIÓMETRO**.

La conexión de la interfaz I2C con el LCD se realiza a través de los pines superiores del módulo conectándolos correlativamente.

El primer pin que aparece en la imagen a la izquierda se corresponde con el pin K (cátodo del led de retroiluminación) del LCD.

Lo más frecuente es encontrar estos módulos de interfaz soldados en las placas de circuito de los LCD.

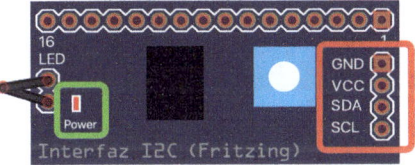

Estas son las 4 únicas conexiones necesarias para hacer funcionar el LCD con Arduino usando el bus I2C y se realizan de la siguiente manera.

GND.............. Negativo de alimentación, conectar al GND de Arduino.

VCC .... Positivo de alimentación, conectar a 5 Vcc de Arduino.

SDA .... Serial **DA**ta. Se conecta al puerto A4 de Arduino.

SCL.............. Serial **CL**ok. Se conecta al puerto A5 de Arduino.

Si el módulo I2C está correctamente conectado a la alimentación se iluminará el led marcado en verde en la imagen anterior.

> Bus I2C. ¿Qué es eso de bus?

Imaginemos un bus de datos como una calle donde cada vecino vive en su casa. Todos los que viven en esa calle pueden ir a ver a sus vecinos a sus respectivas viviendas y también pueden recibirlos en su casa.

Pero para saber dónde deben ir cuando quieren visitarlos, tienen que saber cuál es su dirección. Pues exactamente este es el modo en el que funciona un bus, donde los datos son los vecinos que vienen y van y los dispositivos que están conectados al bus son las viviendas que tienen una dirección específica dentro del bus.

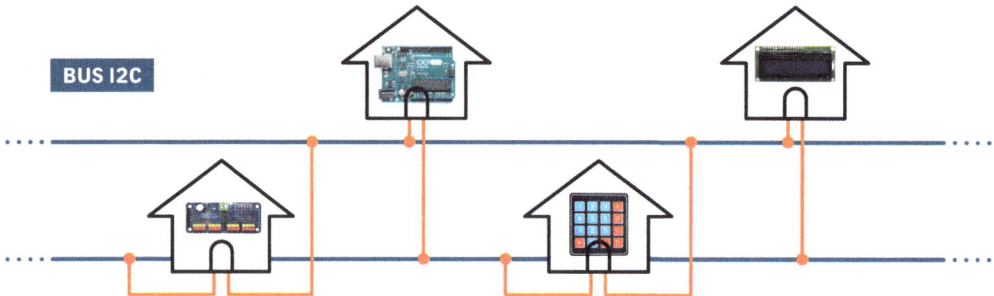

> Conectando la interfaz I2C al LCD

Vamos a conectar la I2C al LCD de los ejercicios anteriores usando nuestra protoboard.

Si tienes un LCD que ya tenga soldado un módulo de interfaz I2C no necesitarás utilizar la protoboard.

La conexión quedaría así:

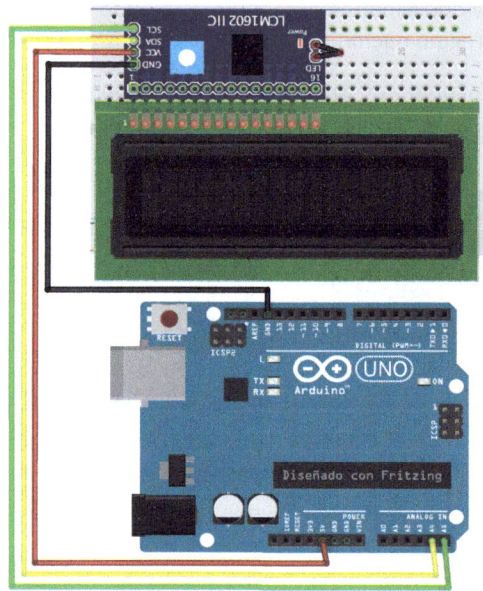

> Conociendo la dirección I2C

Hemos visto que los dispositivos conectados al bus I2C tienen una dirección dentro de "esa calle" que es el bus.

Las direcciones que suelen ser las más frecuentes son la **0x27** o la **0x3F**, dependiendo de si nuestro módulo utiliza el chip **PCF8574** o el **PCF8574A**. Sin embargo, puede que nuestra interfaz I2C tenga otra dirección.

Por esto vamos a hacer un programa que nos detecte la dirección I2C de un dispositivo y nos la muestre en la consola.

Como las direcciones I2C se expresan en 7 bits tendremos 128 direcciones posibles (de la 0 a la 127) aunque en realidad son 112 porque 16 se reservan para usos especiales.

PRÁCTICA NÚMERO 46

Escribir un programa que busque un dispositivo I2C y, cuando lo detecte, muestre en la consola su dirección repitiendo el proceso cada 15 segundos.

Vamos a necesitar:

- **Arduino Uno** **1**
- **Protoboard** **1**
- **Display LCD de 16x2** **1**
- **Interfaz I2C para display LCD** **1**

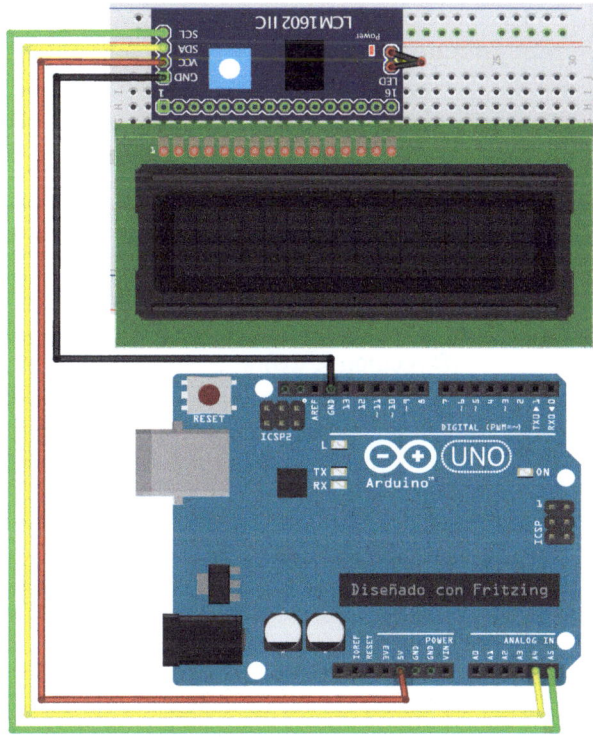

```
#include <Wire.h>          // Incluimos la librería de manejo de I2C
byte CodigoRetorno;        // Variable de respuesta de comandos Wire
byte Direccion;            // Variable de direcciones I2C

void setup()
{
  Wire.begin();            // Abre las comunicaciones I2C
  Serial.begin(9600);      // Abre la comunicación con la consola
}
```

```
void loop()
{
  Serial.println("Comienza a Escanear");    // Texto informativo
  Serial.println("Buscando una unidad I2C conectada");
                                            // Texto informativo


  for(Direccion = 0; Direccion < 128; Direccion++ )
                                            // Bucle de escaneo de direcciones I2C
  {                                         // desde la 0 hasta la 127
    Wire.beginTransmission(Direccion);      // Transmisión a una dirección I2C

    CodigoRetorno = Wire.endTransmission(); // Recibe respuesta de la dirección I2C
                                            // solo cuando el código de retorno es
                                            // correcto y hay un dispositivo conectado

    if(CodigoRetorno == 0)
    {
      Serial.print("Unidad I2C encontrada en la dirección 0x");
                                            // Texto informativo
      if(Direccion < 16)                    // Si la dirección es de un dígito HEX
        Serial.print("0");                  // añade un 0 a la izquierda

      Serial.println(Direccion, HEX);       // Muestra la dirección I2C en HEX
    }
  }
  Serial.println("Fin del escaneo");        // Texto informativo
  Serial.println(" ");                      // Línea en blanco de separación
  delay(15000);                             // Pausa de 15 segundos
}
```

El programa mostrará esta información hasta que se conecte un dispositivo I2C a Arduino.
Una vez conectado correctamente un dispositivo I2C, el programa identificará su dirección
y la mostrará en la consola del IDE de Arduino repitiendo este proceso cada 15 segundos.

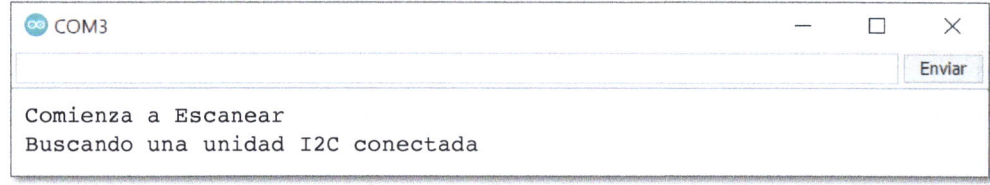

Si tenemos varios dispositivos deberemos ir conectándolos de uno en uno y tomando nota
de sus respectivas direcciones.

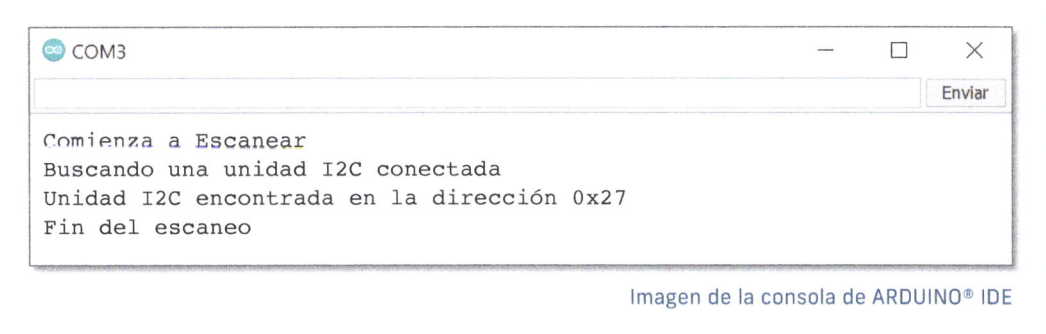

Imagen de la consola de ARDUINO® IDE

COM3

Enviar

Comienza a Escanear
Buscando una unidad I2C conectada
Unidad I2C encontrada en la dirección 0x27
Fin del escaneo

> ## > Cambiando la dirección I2C

Hemos visto que los dispositivos conectados al bus I2C tienen una dirección única dentro de "esa calle" y que los fabricantes suelen usar casi siempre las mismas direcciones, pero ¿qué pasa si queremos conectar dos LCD iguales al bus I2C? No podemos tener dos dispositivos con la misma dirección, así que vamos a ver cómo podemos cambiarla nosotros.

El módulo I2C tiene tres puentes nombrados como A0, A1 y A2 cuyos contactos podremos conectar soldándolos.

Cuando los contactos están abiertos como están los tres en la imagen, es decir, sin unir el contacto de arriba con el de abajo de cada columna, A0, A1 y A2 están en **HIGH**, esto es, su valor binario es 1.

Si soldamos el contacto superior con el inferior de una columna, por ejemplo, la primera, A0 pasaría a estar en **LOW** y su valor binario sería 0 mientras que A1 y A2 seguirían estando en **HIGH** teniendo un valor binario de 1.

Combinando el valor de estos tres puentes, podemos cambiar la dirección I2C del módulo de acuerdo a la siguiente tabla.

Chip **PCF8574**				Chip **PCF8574A**			
A0	A1	A2		A0	A1	A2	
			0x27				0x3F
			0x26				0x3E
			0x25				0x3D
			0x24				0x3C
			0x23				0x3B
			0x22				0x3A
			0x21				0x39
			0x20				0x38

> Un ejemplo con I2C

Ya conocemos bastante del bus I2C para poder utilizarlo en nuestros proyectos, resolver los problemas a identificar y cambiar las direcciones de los dispositivos conectados al bus.

Vamos a ver cómo se harían las prácticas 44 y 45 utilizando el LCD con I2C y manejando el backlight (luz del display).

PRÁCTICA NÚMERO 47

Vamos a ver un ejemplo básico del uso del display, con un programa que:

1/ Escribe estos textos en las dos líneas: · Línea 0 `Primera linea y`
                                                · Línea 1 `Segunda linea`

2/ Espera 5 segundos y limpia y apaga la pantalla.

3/ Espera un segundo y empieza de nuevo.

Vamos a necesitar:
- **Arduino Uno**....................................1
- **Protoboard**.....................................1
- **Display LCD de 16x2**.....................1
- **Interfaz I2C para display LCD**.........1

```
#include <Wire.h>                    // Incluimos la librería de manejo de I2C
#include <LiquidCrystal_I2C.h>       // Librería de manejo del LCD por I2C

LiquidCrystal_I2C lcd(0x27,16,2);    // Crea el display de nombre LCD de 16x2
                                     // con la dirección I2C 0x27
void setup()
{
   lcd.init();                       // Inicializa la pantalla LCD
   lcd.clear();                      // Limpiamos la pantalla
}

void loop()
{
   lcd.backlight();                  // Activa la retroiluminación del LCD
   lcd.setCursor(0, 0);              // Sitúa el cursor en la primera columna
                                     // primera fila
   lcd.print("Primera linea y ");    // Texto primera fila
   lcd.setCursor(0, 1);              // Sitúa el cursor en la primera columna
                                     // segunda fila
   lcd.print("Segunda linea   ");    // Texto segunda fila
   delay(5000);                      // Pausa de 5 segundos
   lcd.clear();                      // Limpiamos la pantalla
   lcd.noBacklight();                // Apaga la retroiluminación del LCD
   delay(1000);                      // Pausa de 1 segundo
}
```

PRÁCTICA NÚMERO 48

Escribir un programa que:

1/ Realice una cuenta atrás desde 20 hasta 0 y la visualice en el punto del texto marcado con XX: · Línea 0 `Cuenta atras`
                                    · Línea 1 `Quedan XX Seg.`

2/ Se detenga en 0 durante 5 segundos y después borre y apague la pantalla.

3/ Que espere un segundo antes de volver a empezar.

Vamos a necesitar:

- **Arduino Uno** 1
- **Protoboard** 1
- **Display LCD de 16x2** 1
- **Interfaz I2C para display LCD** 1

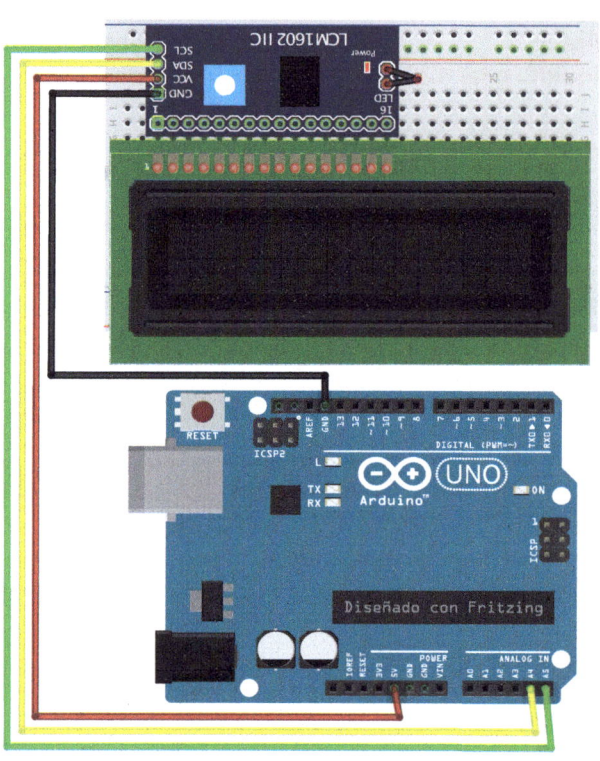

```
#include <Wire.h>                    // Incluimos la librería de manejo de I2C
#include <LiquidCrystal_I2C.h>       // Librería de manejo del LCD por I2C

LiquidCrystal_I2C lcd(0x27,16,2);    // Crea el display de nombre LCD de 16x2
                                     // con la dirección I2C 0x27
void setup()
{
  lcd.init();                        // Inicializa la pantalla LCD
  lcd.clear();                       // Limpiamos la pantalla
}

void loop()
{
  lcd.backlight();                   // Activa la retroiluminación del LCD
  lcd.setCursor(0, 0);               // Sitúa el cursor en la primera columna
                                     // primera fila
  lcd.print("Cuenta atras    ");     // Texto primera fila
```

```
    lcd.setCursor(0, 1);                 // Sitúa el cursor en la primera columna
                                         // segunda fila

    lcd.print("Quedan XX Seg.  ");       // Texto segunda fila
    for(int i = 20; i >= 0; i--)         // Bucle de cuenta atrás desde 20 hasta 0
    {
       lcd.setCursor(7,1);               // Sitúa el cursor en la octava columna
                                         // segunda fila

       lcd.print("  ");                  // Limpia esas dos posiciones del LCD
                                         // poniendo dos espacios*

       lcd.setCursor(7,1);               // Sitúa el cursor en la octava columna
                                         // segunda fila

       lcd.print(i);                     // Muestra el contador
       delay(1000);                      // Pausa de 1 segundo
    }

    delay(5000);                         // Pausa de 5 segundos
    lcd.clear();                         // Limpiamos la pantalla
    lcd.noBacklight();                   // Apaga la retroiluminación del LCD
    delay(1000);                         // Pausa de 1 segundo
}
```

> ***IMPORTANTE:** En la instrucción **lcd.print(" ")**, debemos poner dos espacios en blanco entre las comillas para limpiar las dos posiciones del display donde se visualizan los números de la cuenta atrás.

¡Toma nota!

ÍNDICE DE PRÁCTICAS